高等院校艺术设计"十三五"规划教材

视觉环境设计色彩

VISUAL
ENVIRONMENT
DESIGN
COLOR

王艺湘 编著

U0242321

中国轻工业出版社

图书在版编目（CIP）数据

视觉环境设计色彩/王艺湘编著. —北京：中国轻工业
出版社，2017.8

高等院校艺术设计"十三五"规划教材

ISBN 978-7-5184-1409-3

Ⅰ．①视… Ⅱ．①王… Ⅲ．①环境设计—色彩学—高
等学校—教材 Ⅳ．①TU-856

中国版本图书馆CIP数据核字（2017）第116470号

责任编辑：李　红　　策划编辑：杨晓洁　　责任终审：劳国强
整体设计：锋尚设计　责任校对：晋　洁　　责任监印：张　可

出版发行：中国轻工业出版社（北京东长安街6号，邮编：100740）

印　　刷：北京顺诚彩色印刷有限公司

经　　销：各地新华书店

版　　次：2017年8月第1版第1次印刷

开　　本：889×1194　1/16　印张：8.5

字　　数：230千字

书　　号：ISBN 978-7-5184-1409-3　定价：48.00元

邮购电话：010-65241695　　传真：65128352

发行电话：010-85119835　85119793　传真：85113293

网　　址：http://www.chlip.com.cn

Email：club@chlip.com.cn

如发现图书残缺请直接与我社邮购联系调换

160735J1X101ZBW

前言

随着全球经济的一体化，信息时代的数字化，艺术教育的多元化，促使高校艺术基础教育也必须紧随时代步伐。现今，一方面基础教育中的色彩部分正在扮演着重要的角色，它涉及了美学、光学、心理学和民俗学等内容；另一方面艺术设计本身是一种科技和智慧相结合的创造性活动，它有无法量化的价值，设计能提高商品的附加价值，从根本上提高企业的效益。我们把这种涉及色彩因素在内的"软价值"上升为"高附加值"的设计称为设计色彩。

设计色彩也是一门色彩科学，它不仅需要我们研究色彩原理和配色规律，而且要针对设计的内容进行研究。设计色彩是设计构成的主要因素之一，在设计表达中掌握好色彩的性能与配合规律，非常重要。设计色彩并不是孤立存在的，它要与环境、气候、欣赏习惯等因素相适应，还要考虑远、近、大、小的视觉变化规律，作为设计的一个组成部分，还要与设计程序同步。

设计色彩的应用十分广泛，相对于文字来说，具有直接传达视觉效果的作用。我们可以充分运用色彩规律，紧密配合设计的构思和其他形式要素，唤起一般受众心理上的联想与共鸣，达到促进效益的目的。当今很多东西都越来越国际化，但还是在很大程度上有着语言、种族、地域等诸多障碍，有了设计色彩的应用，能够很好地解决国际化传播问题。

总体说来，学习设计色彩的目的是为了学以致用，设计创意是无限的，最主要的还是锻炼自己的设计思维能力，只有这样，我们的创作能力才能不断提升，创造出来的设计才能有更大的存在价值。相信在人们的不断努力下，设计色彩将会带给我们更多的精彩，使我们能够更好地享受丰富多彩，千变万化的色彩世界。

本书借鉴了大量的名家作品与优秀设计案例，内容体系新颖完整，层次清晰，图文并茂。书中对于设计色彩的基础理论、创意表现技巧等方面做了深入浅出的分析，并系统地介绍了设计色彩的应用，力求做到理论与实践相结合。本书在撰写时参照了视觉传达设计和环境艺术设计高自考考试大纲和考核知识点，希望本书的出版能够为基础设计的教学提供一定的参考，为设计者提供一定的可操作性指导。限于编者水平和时间仓促，本书难免存在疏漏和欠妥之处，希望得到读者批评指正。另外，书中援引的一些作品未能查明原作者（出处），敬请谅解，欢迎作者与我们联系。

本书包含四部分内容，力图突出三个特点：一是突出设计基础教育的全面性与系统性，使基础理论能够与时俱进；二是体现艺术设计类专业的实用性特点，注重教学和自学的需要；三是结合设计色彩应用的广度，突显了设计色彩在各艺术设计专业中的重要性。

在本书的编写过程中得到了中国轻工业出版社的大力支持，有关编辑提出了许多宝贵意见，并对图文进行了辛勤的校勘，我的研究生张嘉毓、谢天、王昊、王凡、魏欣也参与了部分编写，为本书做了大量的整理工作，在此一并向他们表示真挚的谢意！

王艺湘

2017.2

CONTENTS
目 录

001　第一章　设计色彩的基础理论
005　第一节　设计色彩的基本元素
005　一、色彩的属性
007　二、色彩的关系
010　三、色彩的效果
018　第二节　设计色彩的形式设计
018　一、绘画色彩
025　二、装饰色彩
031　三、意象色彩

041　第二章　设计色彩的创意表现
043　第一节　设计色彩的形状采集
043　一、色彩的错视
048　二、色彩的调性
056　三、色彩的归纳
065　四、色彩的局部框架
068　第二节　设计色彩的重构
069　一、色彩的分解组合
070　二、色彩的提取整合
073　三、色彩的互换
076　四、平面设计之色彩的基础知识
077　五、设计色彩的配色方案
078　六、配色的小技巧

079　第三章　设计色彩的应用
080　第一节　视觉传达设计色彩
080　一、品牌标识的色彩运用
084　二、招贴设计的色彩运用
089　三、商业广告的色彩运用
095　四、包装设计的色彩运用
100　第二节　环境艺术设计色彩
101　一、室内环境的色彩运用
107　二、室外环境的色彩运用
108　第三节　其他设计与设计色彩
108　一、设计色彩在服展设计中的运用
111　二、设计色彩在网络设计中的运用
114　三、设计色彩在工业设计中的运用
115　四、设计色彩在动画设计中的运用
115　五、设计色彩在装饰设计中的运用

117　附　录
118　附录一　设计色彩的作品欣赏
125　附录二　设计图库信息和相关
　　　　　　　参考资料介绍

128　参考书目
129　参考网站

CHAPTER

01

设计色彩的
基础理论

依照生理学家的研究，触及人类五官最敏感的莫过于色彩之于视觉。如消费者购买食品，首先进入视线的是上面的色彩，随后依次才是嗅觉和味觉。据统计，人类所占有的全部信息有90%以上是靠视觉获得的，而视觉对于色彩是最敏感的，色彩悦目的艺术作品总能瞬间打动人心，它不但影响着人的视觉感受，而且还能提升人的精神境界和审美感受。

人类赋予色彩的装饰与象征意义在不断开拓变化，从最初的自然无华发展到国家的、区域的、特色的，同时也奠定了设计色彩的个性化特征。借鉴自然色彩、现代色彩科学理论、传统装饰艺术色彩以及其他艺术的色彩形式，是色彩设计的来源，它们对设计色彩具有指导作用（图1-1）。

在我们的生活中，所见的各种物体，可以区分为发光体和不发光体两大类。前者是能够自身发光，因而它的光色可以不受周围光线的影响；后者是自身不能发光，要靠反射外来光线的照射，它们才能反射出不同的颜色。发光的物体，如太阳，日光灯，钨丝灯，蜡烛等，它们自身有发射光波的能力，是发光体。与太阳的光谱相比，其他发光体的光谱都不平衡，难以像日光那样形成白光，日光灯光偏绿，钨丝灯光偏橙黄色，蜡烛光偏黄红色。不发光物体，如花草，树木，房屋，桌椅等，它们自身不发光。由于不发光物体的物理结构不同，对不同波长的太阳光线有选择地吸收和反射，因而分解为不同的色光。这样物体就能够呈现出千变万化的色彩。

近年来，现代色彩科学理论指出，一切色彩感觉都是客观物质与人的视觉器官相互作用的结果。光源的光谱成分、物体的固有物理特征和人的视觉生理机制中的任何变化都将产生不同的色彩感觉。当人受到不同色彩刺激时就会产生不同的生理活动，伴随着不同的生理活动就会产生不同的审美感受。因此，对色彩的认识将涉及色彩的物理特性、色彩的视觉生理、色彩的心理效应、色彩美学、色彩设计等交叉性理论，同时还必须考虑色彩定位、色彩创意和色彩技术表现等多方面的因素（图1-2）。

设计是向广大消费者宣传商品的媒介。设计所产生的色相、明度和纯度的不同必然会影响人们视觉心理的生理反应，信息传播得正确与否，将关系到设计作用和效果的成败。我们知道红色能使温度计的

图1-1
自然色彩

图1-2
色彩感觉

水银柱上升，紫色、蓝色几乎使温度计保持原状。这说明人们对红色感到温暖，紫色、蓝色使人感到凉爽、寒冷是有其客观原因的。色彩作用于人的不同感觉，还有一个不可忽视的原因，这就是外界种种现象作用于人的主观，并且留下深刻的印象，每当我们看到各种色彩时，就产生不同的联想。看到红色，就会感到温暖、热烈。看到青灰色，就会联想到寒冬腊月的天空，产生寒冷的感觉。而在掺入了人的思想感情之后，色彩将变得更富有人情味，成为一种象征。比如，为了向人们传送一种喜悦、欢快、兴奋、激动的信息，我们常选择朱红、大红、中黄、粉红、金等纯度高而明度适中的暖色组合在一起。大红与金的组合是我国人民公认的吉祥、喜庆色。由于红色有很强的视觉冲击力，给人以强烈、醒目、欢乐的感受，加上中华民族对红色的偏好，很多企业都选择红色作为企业的标准色及商品的包装色彩和设计的主调。

这种对色彩的联想，由于不同的年龄层次，男性女性，文化修养的不同而存在差异。少儿的概念里苹果是红色的，葡萄是绿色的，大海是蓝色的，这些具体的色彩易于理解。高纯度、对比强烈的色彩更符合儿童生动活泼的心理。而年龄较大者，由于生活、知识的积累，想象力的提高，对于抽象的色彩更理解。不仅仅认识到红色有太阳、血、火和苹果等，也能联想到喜气、热忱、吉祥。同时女性喜欢明度高的暖色，男性则喜欢明度低的冷色。另外，不同的民族因为生活环境、宗教习惯、文化教育等方面的影响，在色彩的审美嗜好上也存在着差异。深入了解色彩的心理感觉和象征作用，对于设计定向，也具有重要的意义（图1-3）。

任何色彩在运用中都不是孤立存在的，它们在面积、形状、位置以及色相、明度、纯度等心理刺激的差别构成了色彩之间的对比。这种差别越大，对比效果也就越显著，反之则对比缓和。因此，色彩对比是指两个或两个以上的色彩放在一起时由于相互影响而表现出差别的现象。色彩对比有两种情形，一种是同时看到两种色彩所产生的对比现象，叫同时对比；另

图1-3
色彩的联想

一种是先看了某种色彩，然后再看另外的色彩时产生的现象，叫连续对比。总之，研究设计色彩三要素之间的对比及其之间的相互关系，是在感性基础上对色彩视觉规律的理性认识。但是心理学家已经留意到，一种颜色通常不只含有一个象征意义，正如红色，既象征热情，也象征了危险，所以不同的人，对同一种颜色的密码，会做出截然不同的诠释。除此之外，个人的年龄、性别、职业、他所身处的社会文化及教育背景，都会使人对同一色彩产生不同联想。

所谓的设计色彩主要是针对应用性领域的实际需要，是衔接理论与实践相结合的桥梁。更重要的是通过色彩设计能促使商业策略、产品造型、企业形象等的全方位立体策划。设计色彩涵盖人类一切与创意有关的活动，诸如设计制作、企业形象、产品形象、市场营销等。设计色彩成为各个领域中不可缺少的工具。它是创造满足现代消费群体"个性化，差异化"需求的一帖良药（图1-4）。

设计色彩应把握住以下几个方面：

第一，尽可能地概括。简洁、单纯、不拘泥于自然色。

第二，大胆对比。色彩对比是指两个及两个以上不同色彩放在一起时的对比效果，包括彼此间的纯度

对比，明度对比，彩度对比，冷暖对比，面积对比。运用好色彩对比，便显得设计作品活泼生动，重点突出，非常醒目。

第三，整体调和。"调和"是指两个或两个以上的对比色通过某种方式使之达到和谐的状态。调和是人的生理最能适应的感觉，是一种视觉上的平衡美。在设计画面中，全局上要讲调和，调和才出情调，才有品位。

第四，把握色彩面积和色性的比例。由于色彩的纯度，明度，彩度各异，同样大面积色彩实际的刺激效果是不同的。纯度和明度高的暖色，如红、橙、黄色，视觉上有扩张感，纯度和明度高的冷色，如蓝色、绿色，视觉上有收缩感。在决定设计大面积色彩基调和小面积色彩的比例时，要考虑周到。一般情况下，应该突出的内容和细节，适宜用扩张性的色彩——色眼，营造兴奋点，使设计画面引人注目；而大面积的主体色，多用沉着的含灰度较高的色彩，并对刺激性的局部进行无情的"干预"，形成多样的统一，从而使设计画面更个性化、风格化。

第五，色彩节律美。色彩同音乐相似，都有着节奏韵律的美感，可使人产生轻松愉快或活泼紧张等。色彩的节律是通过明度、彩度、纯度的变化释放出来的。明度或彩度高的色彩，节奏快。明度或彩度低的色彩，则节奏慢。相同彩度的色彩若在纯度上递进或递减，则会产生平稳和缓的行动美感，而不同彩度的色彩的交错配比则会产生跳跃性的节律美。

设计色彩是一门色彩科学，它不仅需要我们研究色彩原理和配色规律，而且要针对设计的内容进行研究。设计色彩并不是孤立存在的，它要与环境、气候、欣赏习惯等因素相适应，还要考虑远、近、大、小的视觉变化规律，作为设计的一个组成部分，还要与设计的设计程序同步。我们可以充分运用色彩规律，紧密配合设计的构思和其他形式要素，共同达到设计的目的。

在本章节中，主要阐述设计色彩的基础理论，具体从色彩的属性、色彩的关系、色彩的效果、绘画色彩、装饰色彩、意象色彩六个方面进行讲述。

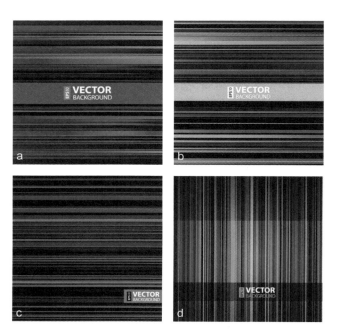

图1-4
色彩设计

第一节

设计色彩的基本元素

一、色彩的属性

据调查，人类肉眼可以分辨的颜色多达千余种，但若要细分它们的差别，或叫出他们的名字，却十分困难。因此，色彩学家将色彩的名称用它的不同属性来表示，甚至以色彩代号数字单位对色彩进行区别和分类，1854年格拉斯曼发表颜色定律：人的视觉能够分辨颜色的三种性质，即色相、明度和纯度（彩度）的变化，称为色彩的三属性或三要素。

1. 色相

色相代号H（hue）指的是色彩的相貌，亦是色彩或区别色彩种类的名称。是色彩首要特征，是区别各种不同色彩的最明显标准。色相的种类和名称有上千种，基本的有红、橙、黄、绿、青、蓝、紫七种。但由于明暗冷暖的差异，同是一种色相的颜色，也可以从中细分出不同的色相来。如红色，从明暗程度上可分为浅红、粉红、深红色，从冷暖色调来分可分为大红、朱红、曙红等色，色彩经过调配可变化出无穷无尽的色相来（图1-5）。

在光学上讲，色相差别是由光波的长短产生的。不同色相有着不同的波长，按照人的视觉生理特性，自然界的色彩理论上应看出300多种色相，而实际上无论普通人，还是受过色彩专门训练的人，都分辨不出这么多的色相，正常情况下，人最多分辨出100个左右的色相，完整的孟尔色环正好拥有100个色相色标。在诸多的色相中，红、橙、黄、绿、蓝、紫6色相，是最易被感觉的基本色相，以它们为基础，依圆周的色相差环列，可得出高纯度色彩的色相环。通常的色相环有6色的、12色的、24色的及32色的。

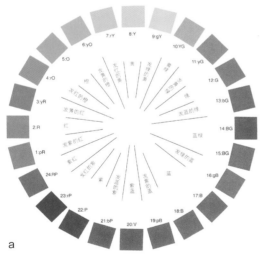

a

b

c

图1-5
色相

色相如同人的名称一样，了解它主要是为了在千变万化的色彩中区别各色彩，以便更好地运用色彩。在平时的训练中我们要多注意观察、比较，便能在运用时正确地认识色彩了。我们将色相分为两大体系：无彩色系和有彩色系。

无彩色系是指白色、黑色或具有由白色和黑色调和形成的各种深浅不同的灰色。无彩色按照一定的变化规律，可以排成一个系列，由白色渐变到浅灰、中灰、深灰到黑色，色度学上称此为黑白系列。无彩色系的颜色只有一种基本性质即明度，它们不具备色相和纯度的性质，也就是说它们的色相与纯度在理论上都等于零。在这里我们着重研究有彩色系。

有彩色系是指红、橙、黄、绿、蓝、紫等颜色，不同明度和纯度的红、橙、黄、绿、蓝色调都属于有彩色系。有彩色是由光和波长和振幅决定的，波长决定色相，振幅决定色调。

2. 明度

明度代号为V（value），指色彩的明暗程度，亦称深浅程度，也称色阶，从物理学角度认识，明度是光波"振幅"大小的差异。振幅越宽，明度愈高；振幅越窄，明度愈低。

在色相环中，柠檬黄明度最高，紫罗兰明度最低，其他各种色相均处于中间明度。红色与紫色处于可见光谱的边缘，振幅虽宽，但知觉度低，色彩明度也低；黄色与绿色处于可见光的中心位置，是人的视觉最能适应的色光，它的振幅虽然与红、紫的振幅一样，但知觉度很高，色彩的明度也就高得多。每个色相都可加入白色提高其明度，加黑则降低明度，用黑色颜料调和白色颜料，随分量比例的递增，可制出等差渐变的明度序列。

在无彩色系中，白色的明度最高；其次为黄；黑色的明度最低。中间存在着从亮到暗的一系列明度不等的灰色阶层。素描、浮雕、黑白照片就是利用明度的变化体现艺术主题的。

在有彩色系中，黄色的明度最高，紫色的明度最低，以单个色相来说，它的明度关系是通过加入黑白灰的量的多少呈现出来的。

明度色阶表位于色立体的中心位置，成为色立体的垂直中轴，分别以白色和黑色为最高明度和最低明度的极点，在黑白之间依秩序划分出从亮到暗的过渡色阶，每一色阶表示一个明度等级（如图1-6）。

3. 纯度

纯度代号C，纯度是指色彩的纯净程度、饱和度或鲜艳程度，亦称饱和度，以三原色纯度最高，而接近黑白灰的色为低纯度色。其纯度的高低取决于它含有中性色黑白灰总量的多少。光辐射时，有波长相当

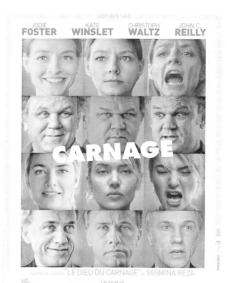

a b c

图1-6
明度

单一的，有波长相当复杂的，也有处在二者之间的，黑、白、灰等无彩色就是波长最为混杂，纯度、色相感消失造成的。在光谱中，红、橙、黄、绿、蓝、紫等色光都是最纯的高纯度色光，颜料中的红色是纯度最高的色相，橙、黄、紫等色在颜料中纯度也较高，蓝、绿色是纯度最低的色相。纯度能体现色彩的内在性格，因此，色彩是多变的、丰富多彩的（图1-7）。

任何一个色相混白、混黑、混补色都会降低其纯度，混入的越多纯度降低得越多。任何一种颜色掺入水或油都会降低其纯度，掺入的越多其饱和度越低。科学地讲，我们感受到的色彩都有一定的含灰量，即使是色相环上的颜色，其纯度也只是相对来说高一些，纯度的高低是相对而言的。含灰量多，则纯度就低，含灰量低，则纯度就高。

任何色相在纯度最高时都有特定的明度，假如明度变了纯度就会下降。高纯度的色相混白或混黑，降低了该色相的纯度，同时也提高或降低了该色相的明度；高纯度的色相混上与之不同的明度的灰色，降低了该色相的纯度，同时使明度向该灰色的明度靠拢；高纯度的色相如果与同明度的灰色混合，可构成同色相、同明度的不同纯度的序列。纯度色阶表呈水平直线形式，与明度色阶表构成直角关系，每一色相都有自己的纯度色阶表，表示该色相的纯度变化。以该色

最为饱和的色为一极端，向中心轴靠近，含灰量不断加大，纯度逐渐降低，到达另一个极端——即明度色阶上的灰色。

总之，色相、明度、纯度在具体运用中是不可分割的，我中有你，你中有我。

二、色彩的关系

色彩关系的概念

何为"色彩关系"？通常来讲，我们很容易判断某一块色彩的色相，难以准确把握的是表现对象的色彩关系，因为色彩关系是在一定的光源、环境条件等因素的影响下形成的，通过比较确定物象各种不同的色彩之间的相互关系。色彩关系确定后才能表现出光源色、环境色及固有色所构成的色调。由于色彩的视觉规律本身，决定了准确的色彩变化不是局部、孤立地找出来的，而是在一个环境关系中通过整体比较而获得的。

大家可以试着想象一下，在阴天和晴天的情况下，相同的物象给你的感觉是一样的吗？相同的物象为什么给我们不一样的感觉呢？为什么会产生这么大的差异呢？这主要是物象色彩关系的形成变化的不同，正是由于光源色、物象固有色、环境色这三种基

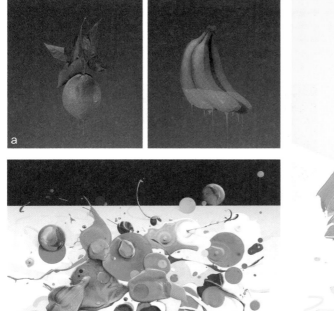

图1-7
纯度

本色的千变万化，才构成这绚丽的世界。

（1）**光源色**。光源色是指由各种光源发出的光，色光会随着光波的长短、强弱、比例性质的不同而不同。例如太阳光、灯光、火光等的色彩。可以或多或少地改变物体的固有色，协调色彩关系和形成色彩调子是一个重要因素。在日常生活中，人们平常接触到的有自然光（太阳光、月光、萤火虫）和人造光（灯光、烛光）两类光源色。随着时间、环境的不断变化，光源色也会产生多样的色光（图1-8）。

（2）**固有色**。固有色本身不发光，指物体在一般白日光线照耀下经常呈现的色彩，我们视其为该物体的固有色。在西方绘画史上相当长的一段时间里，色彩被看作是被描绘的客观对象的自身属性，用来指示对象色彩的固有色。例如黑头发、蓝天、白云、红苹果等，其中的黑、白、蓝、红就是固有色。尽管有时候我们眼中所观察到的并不都是如此，比如，一张看上去是白色的纸，是因为所有的光都被反射了；天空在下雨的时候，并不是蓝色的，而是灰白色的，草也会变得枯黄。因此，我们不要以固有色代替眼睛的观察，色彩是光的属性，并非客观对象的属性，自然界的色彩会随着光线的变化而瞬息万变。固有色的观念在对一般事物的判断和概念的确立时起着重要作用，在动画创作中经常会用到固有色。

但是，当两个物体具有同样的色彩而质地不同时，所呈现出来的视觉效果也是不同的，造成这种情况的原因是由于物体颜色对光的反射是不一样的，表现为两种情况：

当物体的质地表面平坦而光滑时，其反射光线都向着一个方向有规律地定向反射，反光能力强，但是不稳定，具有轻快、活泼、光滑感。当物体的质地表面粗糙不平时，其反射光线向着各个方向没有规律地反射，反光能力弱，色彩稳定，具有坚固感、沉重感（图1-9、图1-10）。

（3）**环境色**。人通过眼睛和大脑不仅能分辨自然物象的固有色彩，而且能感知特定阳光照射下物象的环境色彩的微妙变化。自然界的色彩随着春夏秋冬的变迁始终充满着错综复杂、丰富变化的色彩现象。色彩来源于光，光影响一切客观对象的颜色。物体的色彩总是在某种光源的照射下显示其色彩特征，同时还受到周围环境色彩的影响。环境色是指某一物体反射出一种色光又反射到其他物体上的颜色。环境色常在暗部反光带出现，一般情况是物体表面越光滑，环境色的互相影响就越大。

白色的物体对环境色的反应最为敏感，能反射各种光线。在黄色的环境下它显示出黄色；在蓝色的环境下则显示出蓝色。要抓住环境色，必须要有联系地观察，比较着用色，对象在不同色光的影响下颜色会随之发生变化。19世纪画家欧仁·德拉克洛瓦曾用一句"如果能掌握环境色，即使给我污泥，我也能描绘出皮肤的色泽"而名噪一时，足见环境色的重要性。例如：莫奈的《鲁昂大教堂》，在不同的时间段的不同光照下，由灰色的石头堆砌而成的

图1-8
光源色

图1-9
景物

图1-10
景物反向观察

大教堂会随之产生不同的色彩效果，莫奈经过细心地观察之后，用画笔捕捉到了大教堂在不同光照下几个瞬间的色彩变化，运用环境色描绘出了鲁昂大教堂分别在清晨、正午和傍晚时分的景象。在太阳刚刚升起的清晨，一丝暖意笼罩着整个大教堂，被阳光照射到的亮部颜色偏黄色，与暗部大面的蓝紫色形成对比，但整个画面的色调仍以蓝色调为主；正午时分，鲁昂大教堂被强烈的自然光照射，亮部颜色偏冷，而暗部则是暖暖的橘黄色与亮部形成强烈对比；傍晚时分，鲁昂大教堂被夕阳暖光源笼罩，整个亮部的颜色以黄色和橙色为主，而暗部则是小面积的偏蓝紫的冷灰色，与亮部颜色形成对比，但整个画面仍呈现为暖色调（图1-11）。

图1-11
莫奈的《鲁昂大教堂》

图1-12
蒙克作品

（4）主观色。主观色指的是使用色彩时凭借主观意念，既不依据物体的固有色，也不参照环境色，即根据画面的审美需求，或是表达主观情感的需要，抑或是根据设计目的自由地选择色彩进行设计。例如：蒙克的《呐喊》，关于这幅画的创作，蒙克自己曾有一段叙述："我和两个朋友一起去散步，太阳快要落山了，突然间，天空变得血一样的红，一阵忧伤涌上心头，我呆呆地伫立在栏杆旁。深蓝色的海湾和城市上方是血与火的空间，友人相继前行，我独自站在那里，这时我突然感到不可名状的恐怖与战栗，我觉得大自然中仿佛传来一声震撼宇宙的呐喊。"于是，蒙克创作了这幅作品来表达当时的感受，在这幅画中，画家通过运用夸张的颜色，有组织的曲线笔触以及被夸张变形的形象来表现当时恐怖和战栗的感受。很显然，画家在使用色彩时并非描摹现实场景的色彩，而是根据主观情感的需要进行描绘，是主观情感的流露。如似火燃烧的血红色，象征死亡的黑色以及整个脱离现实甚远的色调，都让人感觉仿佛置身于异度空间，而惶恐不安（图1-12）。

象征色彩也属于主观色的一种，它是在人类社会发展过程中约定俗成的一种文化现象，即一些色彩被人们主观地赋予了一定的含义。由于民族文化、宗教信仰、地域政治背景不同，色彩的象征意义也会存在差异，因此，每个民族都有自己的颜色观，都具有强烈的民族文化特征。如，黄色，叙利亚人认为它象征死亡，信奉伊斯兰教的人都不要黄色；而自中国宋代以后的封建朝代里，明黄色是皇帝专用的色彩，代表皇权的象征；但到了现代，黄色被指代为色情。恰当地应用象征性色彩，能够引导受众通过联想来感受作品中隐含的意念，从而极大地提高作品的深度和力度。

总而言之，物体的色彩取决于光源色、物体的固有色，同时还受到环境色的影响。它们之间相互影响，相互依存，相互制约，形成你中有我，我中有你的一种色彩相互关系。而主观色则是体现了主观情感的流露和表达。

三、色彩的效果

在日常生活中，色彩如同灵魂一样冲蚀着一切物体。当多姿多彩的物体映入眼帘时，我们会对一些颜色产生某种特别的感受，将这种颜色与许多经验联系起来；当再一次接触到这种颜色产生情境时，便刺激我们的大脑想起这些经验，这便是色彩产生的效果。在我们身边，我们常发现，有些颜色可以使物体看起来比实际大，而有些则相反，有些颜色使物体有凸出的效果，有些颜色使我们心情愉快，有些颜色可以唤起我们的食欲……这些都是色彩施于我们的魔力。

设计中的色彩是功能和情感的融合表达，在功能的表现上具有一定的共同认知个性。有心理学及相关研究表明：人的视觉器官在观察物体时，最初的20秒色彩感觉时间占80%，而形体感觉时间占20%；2分钟后色彩占60%，形体占40%；5分钟后各占一半，并且这种状态将继续保持。可见，色彩不仅给人的印象迅速，更有使人增加识别记忆的作用；它还是最富情感的表达要素，可因人的情感状态产生多重个性，所以在设计中，对色彩恰到好处地处理能起到融合表达功能和情感的作用，具有丰富的表现力和感染力（图1-13、图1-14）。

（一）色彩效果的形成

色彩效果的形成因素有很多，主要有心理效果、象征效果、文化效果、传统效果以及创造性效果，它们共同作用，给予我们不同的心理影响，从而产生喜、怒、哀、乐等不同的情绪变化。

1. 心理效果

心理效果的产生主要来源于经验，这些经验我们经常体验，以至于成为我们内心世界的一部分。当我们将绿色香蕉和黄色香蕉摆放在一起时，很显然，我们不会选择去吃一个绿色的香蕉，因为在我们的潜意识中，绿颜色的香蕉会使我们联想到水果还没有成熟。然而当我们走在公园的绿树丛中时，绿颜色的色彩效果却截然不同，它象征着健康和生命力，象征着活力。所以很多戒烟和环保类型的公益设计会借助绿色体现积极健康的生活。色彩通过相互补充、相互说

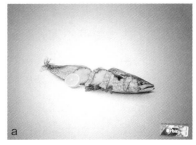

图1-13
色彩的效果

图1-14
学生张月超作业

明唤起我们的联想，唤醒我们先前的经验，从而对我们产生一系列的影响（图1-15、图1-16、图1-17）。

2. 象征效果

颜色自古以来就被人们赋予了其象征意义，虽然这些象征意义，随着时代的发展一直在变化着，不同地域同一种颜色的象征意义也不尽相同，但研究色彩的象征意义是非常重要的，而且具有实用价值。因此，色彩的象征性是历史积淀的特殊文化结晶，也是约定俗成的文化现象，并在社会行为中起到了标志和传播的双重作用。同时，又是生存于同一时空氛围中的人们共同遵循的色彩尺度。色彩的象征效果源于经验，却超越了经验（图1-18、图1-19）。

对色彩的象征意义的研究由来已久，法国视觉美学家卢西奥·迈耶在其书《视觉美学》中指出："红色是一种代表爱情的色彩，也是代表团结的色彩，但它历来又被用于代表革命的色彩。""温暖的黄色是一种金子的色彩，是一种太阳和创造的色彩，它象征着欢乐、富有、光荣。而与之对比的是，与淡绿色相近的淡黄色则代表嫉妒和贪婪，但首先是代表懦弱。""绿色是代表生命、青春、成长和健康的颜色，

图1-15
色彩心理效果

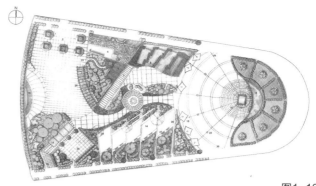

图1-16
学生李周谦作业

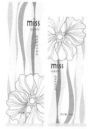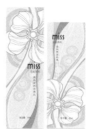

图1-17
学生潘丽娜作业

a

b

图1-18
色彩的象征效果

图1-19
学生王真作业

蓝色被看作代表理智的颜色，它象征着一种清新、明晰、合乎逻辑的态度。"

当一些色彩出现在我们面前，无论是单色还是几种颜色配合在一起，我们首先会对其形成一个大概的印象，如柔和的、生硬的、华丽的、平和的、凉爽的，这就是我们所说的色彩的整体印象。形容色彩印象的词语非常多，有研究人员研究出一些印象尺度图来更直观地观察颜色给人的印象，如橙给人休闲的印象，而蓝色除了给人休闲的印象外，

还给人清爽的印象，当然色彩在明度和纯度上的变化也会改变这种印象，如纯度低的蓝色会给人权威的、现代的、有品位的感觉。很多企业在塑造其企业形象时常常利用颜色来做文章，如移动和电信的蓝色标志，就给人一种可信赖的、有科技感的、有品位的印象。化妆品行业也常用这种色彩给人的印象来吸引消费者，如为了体现产品的天然无害，装这个产品的瓶子多半会用绿色这种看起来很自然的颜色。为了体现女性肌肤的柔和、洁白，化妆品的

包装也多采用珍珠白、粉色等。参加面试的男士多穿黑色的西服，拿黑色的皮包，也是因为黑色给人的感觉稳重、大方、可靠。

色彩的象征性也会因其使用的场合和承载其的物品不同而有所不同，个人的年龄、性别、职业、他所身处的社会文化及教育背景不同，对同一种颜色也会产生不同的联想。如在中国，红色在婚宴上象征喜庆与欢乐，而在战场上象征着血腥与杀戮。同样是黑色的衣服，在丧礼上它象征着哀悼与悲伤，在会议上它象征着隆重与严肃。在设计中，如何体现与应用色彩的象征性效果，如何避免色彩的不恰当使用而造成的不良后果，就必须多方位思考色彩的象征意义。色彩是产品的第二生命，如何在产品设计中恰当地运用色彩很重要，需要设计师多方面了解色彩的作用，及其色彩的知觉象征效果。

3. 文化效果

在不同国家的文化背景作用下，色彩也会产生不同的色彩效果，因此许多色彩效果都带有民族特征。如果形容一个中国人是"蓝色"的，则意味着这个人是最佳的执行者；当我们用蓝色形容一个英国人，则代表这个人是多愁善感的人；但在德国用蓝色形容一个人时，它代表"喝醉的人"，因为最初生产蓝色染料时需要通过尿液浸泡菘蓝的叶子，而这些尿液的主要来源是依靠制作蓝色染料的工人，含有酒精的尿液浸泡出的蓝色染料会更加光泽艳丽，所以当时生产蓝色染料的工人会有很多酒喝。菘蓝在德国的种植特别广泛，因此在德语中将"蓝色"比作"喝醉酒的人"。所以说，色彩效果对于我们了解一个国家的文化有着密不可分的关系（图1-20）。

4. 政治效果

在政治领域里，色彩具有特殊的象征意义。谈及色彩效果的政治领域，我们很自然地会联想到徽章和旗帜。红色是革命旗帜的颜色，是社会主义国家旗帜的基本颜色，例如，中国国旗的红色象征着革命。而对于信仰伊斯兰教的国家，绿色是伊斯兰教的代表颜色，象征着不可抗拒的神圣。在安哥拉的国旗中，黑色的政治效果代表对非洲大陆的歌颂；而对于爱沙尼亚，黑色却象征反抗异族统治的黑暗历史。所以对于一些具有政治效果的色彩，它们的色彩效果会更具有历史意义（图1-21）。

5. 传统效果

在传统效果的概念里，有时象征生机勃勃、健康的绿色会让我们联想到毒药，通常这样不合理的色彩效果与颜料提取及印染的古老工艺息息相关。在过去，绿颜色的生产是通过绿铜的碎屑泡在砷的溶液中，通过化学反应提取出来。然而绿铜屑本身就有毒，而与它进行反应的砷溶液更是最强的毒药之一。所以在当时的年代，绿色的染料及制作成的物件都含有有毒的绿铜屑和砷元素。因此生产、加工以及使用这些绿色染料都会危害人们的健康，当人们的皮肤接触到这些染料或绿色颜料制成的物件时，绿颜色中的有毒物质会慢慢渗入到体内，甚至可能会产生致命的危害。

在过去的几百年中，并不像现在这样，随意地使用每一种颜色，有些颜色价格非常昂贵，决定着装的颜色并不是我们现在所说的品位，而是金钱。在当时的年代，深绿色是一种便宜的颜色，贵族不会身着绿色的衣服。在古埃及蓝色是神的颜色，提取蓝色的天

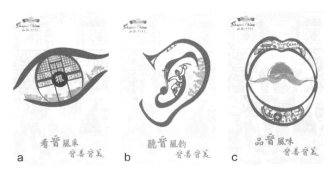

图1-20
色彩的文化效果（学生张嘉毓作品）

图1-21
色彩的政治效果

青石和黄金一样昂贵，如果再加工成群青蓝则更加昂贵。因此，色彩传统效果对当今色彩的发展起着至关重要的作用（图1-22）。

6. 创造性效果

色彩的创造性效果是色彩发展的必然趋势。随着社会的发展，新生事物的诞生，色彩的意义在不断地扩大，而使色彩产生许多创造性的效果。色彩创造性效果的重要特征是勇气和打破常规，比如我们对爱情进行创造性的表达时，甚至可以用有毒的绿色表达，同样也可以用死气沉沉的灰色表达。虽然我们需要打破常规，但是这种超越常规的创造性效果必须是被人们接受，并且合乎常理、合乎材料及合乎使用的。有些颜色的搭配组合已经形成一种规律，比如马路的交通信号灯，红色代表禁行，绿色代表通行。这样的组合在复印机、饮水机等设备中都有着异曲同工的作用，只需要有绿色和红色的小指示灯，绿色指示灯传达给我们的信息表示正常状态或者备用状态；而红色指示灯传达给我们的信息则是停止使用等相关说明。如果我们对已经形成规律的事物进行创造性效果，将会给人们的理解带来一些不必要的麻烦。比如，我们把警告意义的红色换成蓝色，绿色换成黄色，同样应用在复印机上，可能不仅不会被人们称赞，还会给人们带来使用上的不便。为什么我们在考虑颜色的创造性时必须合乎材料的特性呢？人们接受色彩创造性效果不依赖于色彩，而依赖于与产品相关的经验。当我们把木头染成蓝色时，我们会觉得超出常规；当我们把皮毛染成蓝色时，我们会认为这是人造毛；当我们看见蓝色的护肤品时，我们可能不会愿意尝试。同样，色彩的创造性效果也要合乎使用需求。虽然有

图1-22
色彩传统效果

时人们愿意追求时尚，选择一些突破性色彩的物件，但是对于一些长久使用的物品，例如行李箱等，时尚的色彩虽然会给人眼前一亮的感觉，并且不易丢失；但是由于人们不会经常更换行李箱，所以多数人还是会选择买持久耐用并且不会过时的行李箱。对于食物，色彩的创造性使用需求尤其需要注意，一种"错误的"颜色可能意味着对生命的威胁。有时在食物中越出现常规的颜色，反而越不会招人喜欢。在设计一个价钱便宜、使用也不长久的非私人用品时，创造性色彩的使用会给这类产品带来意想不到的效果。

随着生活水平日益提高，人们对于艺术的追求也越来越大胆，愿意并且接受更多的色彩和色彩搭配，创造出很多符合新时代的色彩效果。不断通过先前的色彩效果经验来丰富人们对色彩艺术的追求。在这个五彩缤纷的世界里，每种颜色都是美丽的，只要我们充分了解每一种色彩，就能创造出奇异的色彩效果来（图1-23）。

图1-23
色彩创造性效果

（二）色彩感情的运用

其一，利用色彩的冷暖来突出商品的一些特性。红色光和橙色光、黄色光是一般有暖和感的色彩，同时紫色光、蓝色光、绿色光是有寒冷感觉的。暖色较冷色的透明感弱。

其二，利用色彩的华丽感去提升商品的身价和档次，特别是金银首饰、名牌手表及礼品之类的设计，更应运用色彩以表现商品所具有的质量。

其三，运用色彩的兴奋感唤起消费者的注意。不同的色彩会使人产生不同的感觉即沉静或者兴奋。红色、橙色等这些暖色以及那些明度高、对比强烈的色彩会使人产生兴奋感。相反那些冷色以及明度低的色彩使人产生沉静感。除了一些产品需要冷色外，很多的产品设计都是需要暖色来使消费者产生兴奋感，进而在其脑海中形成很深的印象。

（三）色彩情感的寓意

1. 单色的意义与象征意义

据心理学家的研究，不同的色彩能够给人以不同的情感感受，换种说法——色彩也具有情感表现力。色彩的六个基本色相：黄、绿、蓝、红、紫、橙色加上无色度的白色与黑色构成的情感体验是色彩感情性表现的重要形式（图1-24）。

例如：黄色，贵金属黄金的颜色，自然是无限权力与财富的象征。在中国古代，黄色就是皇家专用的色彩。在东方，黄色有着先天的优越，正是因为皇家御用，普通人是没有权利随便使用的，人们对黄色产生了敬畏。黄色的亮度最高，在色相上是灿烂而辉煌的，它无论在东方还是在西方，皆象征着智慧、权利与骄傲。

来自大自然清新的绿色，是一种中性色彩。它的色相中既有蓝色的沉静，又囊括了黄色的明朗，这两种感觉融合形成了绿色的沉静与柔和。绿色又称之为和平色，色相上偏向自然，所以给人带来宁静以及生机勃勃的舒适感。有些植物的果实在未成熟之前都呈现出绿色，所以绿色又会给人带来酸涩的感觉，典故"望梅止渴"，便是利用了未成熟青梅的这种酸涩。

蓝色是个充满梦幻感觉的色彩，它是永恒、博大、浪漫的，因为他是海洋、天空的色彩。徜徉在这样的色彩氛围中，感觉心都跟着一起飞了起来。所以，它是清澈与浪漫的，永恒与博大的；在西方，他还是高贵而深邃的，是让人敬慕的颜色。它的象征意义也取决于它不同的明度，明度高的蓝色给人清新的、宁静的感觉；而明度低的蓝色则让人觉得庄重又崇高；如果是明度极低的蓝色，人一旦接触到，就会产生无法言喻的孤独悲伤的情绪。

红色有极强的冲击力，红色是血液的颜色，在西方浪漫主义绘画中则充满暴力、血腥和激情。而在古典绘画中红色并不过于鲜艳，而是沉着、革命的色彩。但在东方它是喜庆、吉祥的色彩。是最具生命活力的色彩，代表热情、活泼、热闹、温暖、幸福、吉祥。如中国人的传统婚礼就是以大红色来衬托喜庆的氛围。红色能够引起肌肉的兴奋，热烈及冲动。康定斯基曾说："世界上有冷的颜色，也有暖的颜色，但任何色彩中也不具有红色具有的强烈的感染力。"

紫色常会使人感觉到浪漫、优雅、梦幻、高贵、骄傲、神秘而性感。有的时候，我们在紫色中加一点的白色就会显得优美，浪漫动人。而深紫色有时也

图1-24

龙刚作品《我们》

是一种死亡的象征。康定斯基认为：紫色是一种冷红色，不管是从物理性质上看，还是造成的精神状态上看，紫色都包含了一种虚弱和死亡的因素。但是浅紫色却给人以浪漫优雅的感觉。

橙色是一种较为温和的色彩，看到橙色，我们会觉得温暖而又充满了食欲。看到橙色，仿佛置身于温暖的阳光下，又如置身于金色的大厅，华丽又辉煌，幸福快乐之情溢于言表。它的活泼、辉煌、富足、幸福感会带给我们如此快乐的感觉。橙色，它实际上是红色和黄色调和而成的，有时也称之为红黄色。康定斯基也认为：红黄色代表了富有的力量，能够使人精力充沛，拥有野心、决断、快乐、胜利的情感。当黄色中加入红色时，就变成了充满活力的橙色，橙色显得生命力十足。他觉得，这种橙色能够给我们的眼睛带来一种温暖和快乐的想象。而不像红蓝色或者称为紫色那样，让我们不得安宁，而使我们垂头丧气。红黄色能督促我们积极和参与更多的活动，而红蓝色则诱导我们进入一个安宁的想象。

白色是虚无，是空白，是可以无限发挥的不具颜色的颜色。在西方，白色是无比神圣而纯洁的，充满纯真与朴素的情愫。如西方的新娘结婚时会穿着一身白色的婚纱，神圣而纯洁美丽。但在东方，白色却是苍白、空灵、虚无。白色在东西方有着截然相反的含义。在东方的色彩中，白色是虚空的，大多时候是以不吉利出现的，比如中国人办丧事要穿白色的孝服。

黑色是没有光感的，是庄严的，是崇高而坚实又肃穆的，是黑暗又神秘的，是死亡的。对于黑色，一切的庄严与沉重似乎都可以用来比喻。

由此可以看出，一个色相可以有多种或截然相反的象征意义，一种色彩的表象和表现性往往可以因题材的改变而改变。所以，只有把色彩放到特定的时空关系中，才可以准确地描述它们在关系中代表的含义，才可以给予准确的定义。

2. 颜色混合的美

一种单纯的色彩象征一类单纯的情感，而不同颜色的搭配组合，则可以变幻出无穷的色彩情感。混合色的意思就是某一色彩中混入另一种色彩或多种颜色，从而得到一种新的颜色，在颜料混合中，加入的色彩愈多，颜色的明度就会越低，最终变成无明度的黑颜色。混合色使绘画的颜色增至无穷，也使得绘画色彩的表现力大大增强。比如黄色与蓝色混合就会呈现出绿色，这种混合出来的绿色的色度还和黄色与蓝色混合的比例有关，若黄色多一点，蓝色少点，就会呈现出黄绿色，若黄色少一点，蓝色增加，则会产生深绿色。只要把控好两色混合的比例，就会产生无限种绿。再以这两种色为例，黄色也有很多种黄，柠檬黄、中黄、深黄、土黄……蓝色也有很多种蓝，钴蓝、湖蓝、宝蓝、普蓝……如若选择的黄与蓝不同，则又会变化出无穷的绿色度。而不同的颜色又会给人带来不同的感觉，它们混合出来的颜色又是另外一种感觉。这就是一组颜色，按照一定的配置混合就可以形成一个有机的整体。由此，可以看出混合色具有很强的能动性，我们可以人为地把控住这种色彩的能动性为我们的绘画服务，根据画面色彩的需要和我们的感受能动地使用混合色绘画，自由地把控画面的色彩，从而来展现混合色强大的表现力（图1-25）。

（1）具有共性色彩的同类色与类似色。同类色就是指色彩色相的性质是相同的，但在色度上有一定

a　　　　　　b　　　　　　c　　　　　　d

图1-25
颜色混合的美

的深浅变化。在色相环上是指 15° 夹角以内的颜色。比如：红色系，绿色系，蓝色系等。因为色相的纯度较高，同类色在色彩的效果上一般是极其协调和柔和的。不过，如单单使用同类色绘画，有些时候也会使得画面效果单调乏味，缺乏活力。

类似色是指色环上任意 60° 夹角以内的颜色，其中各个颜色之间都含有相同的色素。如：橄榄绿与草绿，草绿是以绿为主的，里面掺了适量黄色就成了草绿；紫红里含有红色，红色里加入适量蓝色就成了紫红色，虽然它们在色相上存在差别，但是在视觉感受上还是比较相近的。

对于同类色与类似色，我们又可以称它们为色彩的弱对比。从色相环上我们可以看出，这种弱对比产生的效果一般较为柔和统一，使人感觉和谐、稳定。但是，除了同色相之外，色差若是低于 30° 夹角的色彩，就会容易产生一种灰突突、乏味而又单调的效果出来。

（2）冷暖自知的对比色与互补色。对比色指的是色相环中 90°～180° 夹角范围内的颜色，对比色之间必然存在着一定的冷暖关系。所谓互补色，就是指在色相环中的每一个颜色对面直线对角的颜色。它们之间犹如隔了一条银河而遥遥相对。在画画时，如果把互补色并放在一起，会给人一种强烈的排斥感。若混合在一起，双方的色貌则会同归于尽，会调出一种浑浊的灰黑色。毫无疑问，绘画色彩补色的对比几乎与冷暖对比同时出现。典型的对比色如红色和绿色，

黄色和蓝紫色，青色与赤橙色。它们每对对比即是补色的对比，同时又是冷暖的对比。而且它们中都含有红黄蓝的成分，如若把每对补色的混合就如同三原色相混合一样，最终色彩变成了灰黑色。

由于对比色会产生非常强烈的冲击性，所以我们在色彩绘画的创作中，如果巧妙地在恰当的地方稍稍运用对比色与补色，不仅能够加强色彩的对比碰撞，突出色彩的空间距离，而且还能表现出色彩的视觉平衡关系来。在准确的冷暖色对比或补色对比绘画中，画面会产生鲜明而稳定的色彩关系及绘画效果。如莫奈的许多作品由于补色并置而增加了画面的色彩生机；塞尚笔下的多种补色色块的对比和修拉的无数个补色色点最后实现的总体的视觉和谐，都是以此为基础的。

3. 色彩的知觉效果

人类长期生活在一个绚丽多彩的世界里，积累了许多视觉经验。当视觉经验与外来的色彩刺激发生对话时，也就是大脑对客观对象色彩所产生的反映，这便是色彩的知觉效果。对于大多数人来讲，会形成同感效应。这种共同感受，主要包括色彩的冷暖、轻重、软硬、强弱以及兴奋与恬静、华丽与朴素等观念（图1-26）。

（1）暖色与冷色。颜色作用在人心理上会有冷暖之分，如红色，黄色，橙色会让人觉得温暖，也就是所说的"暖色"，与此相对的蓝色、绿色，蓝绿色则被称为冷色。在实际生活中，我们会发现夏天使用的

图1-26
色彩的知觉效果

电风扇多为白色，黑灰色等冷色，这些颜色本身就给人清凉的感觉，虽然电风扇扇出来的风是一样的，但红色的电风扇会让人觉得它吹出来的风要热些；我们在布置室内环境时，也会遇到这样的情况：如果冬季家里是冷色调的环境会让人觉得室温比实际温度还低，这时如果把色调换成暖色调会感觉好很多。这就是不同色调营造出来的心理温度，在餐厅、酒店或酒吧都会应用到这点。可以说色彩是最环保的空调，当然颜色的冷暖在心理上的感受因人因地域而异，这是设计者在设计时必须要考虑到的。

色彩的冷暖是人体本身的经验习惯赋予我们的一种感觉。有彩色系中，红、橙、黄会使人想到太阳、烛光、火，让人感到温暖；蓝色、青色会使人联想到万里晴空的大海和悬崖飞挂的冰川，给人以寒冷感。从色彩心理学角度出发，红橙色被定为最暖的颜色，蓝绿色被定为最冷的颜色，绿紫色为不冷不暖的中性色。无彩色中，黑色感觉温暖，白色感觉寒冷，灰色则为不冷不暖的中性色，而且，无论是冷色还是暖色，加白后相对有冷感，加黑后相对有暖感。事实上，冷暖是一个相对的概念，比如将黄与橙放在一起，黄就显得比较冷，将黄与绿放在一起，黄就显得比较暖。

当然，颜色的冷暖不是绝对的，是相互比较而存在的，是一个相对的概念。有些色同暖色比显得冷，同冷色比又感到暖。例如红色系中的紫红色与青蓝色相比，紫红色为暖色，但在同一红色系中与朱红、大红、曙红比，紫红色则偏冷。相反，同类冷色中也有相对的冷暖区别。

在人的视觉中还有这种现象，即使冷暖两块颜色放在两个体积完全相等的物体上，冷色体积显"小"，暖色体积显"大"，这说明，暖色具有膨胀感，冷色具有收缩感。

（2）**轻色与重色**。色彩在人的心理上会产生轻重感，例如，工人搬黑色的箱子时，会觉得重，搬绿色的箱子时，会觉得比搬黑色的箱子轻。其实，只是箱子的颜色变了，重量并未改变。所以，我们见到的包装纸箱多为浅褐色，除了保持了纸浆的原色外，给人的心理感觉也很轻，此外，白色的包装箱也开始多了

起来。在手机的设计上，我们可以根据需要把薄板的手机设计成浅色的，这样感觉更轻薄，也可以设计成深色的，这样看起来比较有分量感。

色彩的轻重中，明度起着决定性的作用，对明度低的色彩感觉重，白色最轻，黑色最重。如白、黄等高明度的色彩感到轻，黑、紫、褐等低明度的色彩感到重。但在明度相同时，纯度高的色彩感觉轻，纯度低的色彩感觉重。如蓝与蓝灰色相比，蓝色重，蓝灰色轻。从色相方面讲，同一明度下，冷色轻，暖色重。

（3）**软色与硬色**。色彩的软硬感不仅与明度有关，而且与纯度也有关。明度较高的色彩在加入白色后所形成的明亮的含灰色系具有软感，明度较低的含灰色系具有硬感，纯色加入黑色和含灰色都会让人感到坚硬。无彩色系列中的黑和白是坚硬的，灰色是柔软的。在一幅多色形成的画面中，强对比色具有硬感，弱对比色具有软感。

（4）**强色与弱色**。色彩的强弱与人眼对色彩的知觉度有关系。一般来讲，高纯度色具有强感，低纯度色具有弱感，有彩色系比无彩色系强。在有彩色系中，因为红色波长最长，它的强度就最高。对比度大的画面色调具有强感，对比度小的画面色调具有弱感。

（5）**明色与暗色**。色彩的明暗感与色彩的明度有关。高明度的色彩亮，低明度的色彩就暗。在色彩的明度对比中，明暗程度的强弱是比较出来的，一块灰色在亮底上是暗的，而在暗底上它又是十分明亮的。色彩的明暗感不仅仅表现在明度对比上，如同样明度的蓝色和蓝绿色，我们会感觉蓝色更亮一些，而黄与白相比黄色更亮一些。红、橙、黄、绿、蓝、白给人以亮的感觉，蓝、青、紫、黑给人以暗的感觉。

（6）**明快色与忧郁色**。阳光灿烂的晴天我们会感觉到轻松明快，在灰暗的阴天中就增添了一丝苦闷与忧郁，色彩的明快感与忧郁感与明度和纯度都有关系。明度高、纯度高的颜色具有明快感，明度低、纯度低的颜色具有忧郁感。在多色彩组合的画面中，强对比色具有明快感，弱对比色具有忧郁感。明度高的基调具有明快感，明度低的基调具有忧郁感。色彩的明快感与忧郁感还与画面的结构形式、图形性格有一定的关系。

（7）兴奋色与沉静色。色彩的兴奋感与沉静感与色相、明度和纯度都有关系。在色彩的三要素中，尤以与纯度的关系最大，红、橙、黄的暖色系给人以兴奋感，为兴奋色系；蓝、青的冷色系给人以沉静感，为沉静色系。明度高、纯度高的色具兴奋感；明度低、纯度低的色具沉静感。绿色和紫色相对明显的暖色和冷色而言，基本上属于中性色。

（8）华丽色与朴素色。色彩不但可以让人感觉到它的兴奋与活泼、沉静与忧郁，而且还可以让人感觉到它的华丽与朴素的性格。通常说来，色彩的华丽与朴素主要与纯度的关系最大，同时与明度也有一定的关系。鲜艳明亮的颜色具有华丽感，混浊灰暗的颜色具有朴素感；有彩色系比无彩色系具有华丽感；强对比色调华丽感强；运用补色组成的色调华丽感最强，弱对比色调朴素感强。另外，对于金银色来说，是否华丽或朴素取决于与之相配合的黑色的形状和面积。

正确运用人们对色彩所形成的共同的情感心理，对于环境艺术设计、装饰艺术设计、服饰设计、视觉传达设计、工业设计、玩具设计、动画设计等方面都具有十分重要的意义。

第二节

设计色彩的形式设计

一、绘画色彩

自古以来，色彩就是情感的化身，不同的色彩都被赋予一种神秘的精神内涵，具有象征作用。不但极大地丰富了我们的视觉，而且已经成为艺术家们共享的领域。不同地域、不同文化、不同信仰的人们，在色彩的使用上都是十分讲究的。色彩或许是艺术家们能自由运用的最强有力的表现工具，它不但能触动人

们心中蛰伏的欲望，也能准确无误地表达出人们从喜悦到绝望的各种细腻的情感。在更为大胆和自由应用色彩的今天，色彩的表现形式或是细微，或是强烈，或是夺目，又或是激发灵感……

眼睛对于外在事物敏感捕捉是绘画最重要的开端。对于色彩画家来说，在视觉世界里，没有比色彩的发现更为重要的了。人们尽管懂得有关色彩原理的知识，但是色彩的感觉并非仅依赖于色彩的知识。艺术家的感受和表现，应该与艺术家的心灵体验有着密切的关系，艺术家对于色彩的独特感受是艺术家艺术眼光的把握所决定的。

（一）绘画色彩的表现方法
1. 色彩的模仿与再现

在写生过程中，首先要学会观察。写实色彩到写意色彩再到设计色彩是色彩学习的一个过程。因此，模仿、再现色彩需要在符合现实物象的色彩、比例、结构和空间关系的基础上，对真实的物象形态、自然色彩关系和视觉因素，作模仿性或再现性的色彩表达。法国大师库尔贝说得好："如果你的观察方式正确的话，你的画一定会发出光彩！"面对同一个景物，不同的观者从中获取的视觉信息也是不一样的，绘画形式的差异与变革，无不与相应的观察方式相联系。在色彩的写生过程中，要从明度、色相、纯度三方面综合考虑色彩的安排。接下来用比较的方法快速领悟色彩写生的技巧与方法：

（1）比色调。在一幅画中，充当色彩的"指挥官"往往是色调，色调乱了，即使局部色彩很好，也会全盘失色。由于自然光源的不断变化，景物也会有不同的色调。早晨与黄昏，光源的光色鲜明，景物的色调比较统一；接近中午，光源色的色彩倾向微弱，景物的固有色就突出了，这时就要把握好光源色、固有色、环境色之间的相互关系。色调之间的比较，目的是为了确定色彩的明度、纯度和色相。如：列维坦《金色的秋天》运用潇潇洒洒稳健的笔触和色块，高度概括地描绘了俄罗斯金黄色秋天的自然景象。这幅画是一首秋天的颂歌。画面空气透明，秋高气爽，远近景物都显得色彩艳丽，蔚蓝的天空，像宝石一般。

整幅画以绚丽、灿烂的色调，令人赏心悦目。谢洛夫的《少女与桃子》，在构图与用色上都予以创新。室内的阳光被明净的色彩所渲染，空间感与人物十分调和。人物的精神状态把握得十分准确，充满着一种青春活力。室内陈设典雅，画家以寥寥几笔，把环境处理得窗明几净，阳光明媚（图1-27、图1-28）。

（2）比明度。色彩的明度变化是一个黑、白、灰层次变化的关系，任何物体从最亮到最暗，都有数不清的明暗层次，这种比较很烦琐，难度也很大。可以用黑色和白色按差比例相调和，建立9个等级的明度色标，根据明度色标可以划分为低调、中调、高调3大色调，再根据对比的强弱分为短调、中调、长调3种类型。明度的搭配类型可有高短调、高中调、高长调、低短调、低中调、低长调、全长调。不同的调子所表达的效果、气氛是不一样的。如马奈的《短笛手》画中描绘的是禁卫军乐队里的一位少年吹笛手的肖像，色彩明度属于中长调。画面由红、黑、白、金等色完美组合，追求一种稳定的、几乎没有变化的画面。然后突然转入暗部，将人物置于浅灰色、近乎平涂的亮部背景中进行描绘，色彩层次明确，用比较概括的色块将形体表现出来（图1-29）。

又如皮埃尔·博纳尔的作品《妇女和猫》色彩明度表现为中中调，《化妆间》为低短调等。在他的作品中，将神秘的紫色与灿烂的黄色相交汇，蓝光黄光在幻动，对自然界中的色彩与色性的微妙关系做了更大胆地探索。

色彩明度的差别常用的是以孟塞尔色立体明度轴为例进行分析。

孟塞尔色立体的明度轴均匀地由白－黑为11个色阶组成。0-10两端为黑和白，1-9为不同明度的灰。明度轴由下至上表明了明度变化是逐渐有规律地形成的。

（a）0-3，为低明度（黑至深灰）；

（b）4-6，为中明度（中灰）；

（c）7-10，为高明度（浅灰至白）。

色彩间明度差别的大小，决定明度对比的强弱。三度差以内的对比称为明度弱对比，又称为短调对比；三至五度差的对比称为明度中对比，又称为中调

图1-27
列维坦作品《金色的秋天》

图1-28
谢洛夫作品《少女与桃子》

图1-29
马奈作品《短笛手》

对比；五度差以外的对比，称明度强对比，又称为长调对比。

高、中、低三个明度阶段分别通过弱、中、强明度对比搭配可出现9种不同的情况。形成9种明度基调。分别是：

低长调：暗色调含强明度对比。色彩效果清晰、激烈、不安、有冲击力。

低中调：暗色调含中明度对比。色彩效果沉着、稳重、雄厚。

低短调：暗色调含弱明度对比。色彩效果模糊、沉闷、消极。

中长调：中灰色调含强明度对比。色彩效果力度感强、充实、深刻。

中中调：中间灰调含中明度对比。色彩效果饱满、丰富、有力。

中短调：中间灰调含弱明度对比。色彩效果有梦一般的朦胧感、模糊、混沌。

高长调：亮色调含强明度对比。色彩效果亮、清晰、活泼而具有快速跳动的感觉。

高中调：亮色调含中明度对比。色彩效果柔和、欢快、明朗而又安稳。

高短调：亮色调含弱明度对比。色彩效果极其明亮、辉煌、轻柔而又有不足感。

（3）比冷暖。色彩冷暖的主要依据，往往是由色相之间的相互关联与比较决定的。冷暖问题是绘画色彩的精华，它可以表现出最细致的客观色彩效果，也可以表现出强烈的主观色彩效果。在色彩的变化规律中，不能简单地用色环上的冷暖来划分，色彩的冷暖是通过色彩的对比表现出来的。如中黄比柠檬黄偏暖，而橙色又比中黄暖，柠檬黄对于蓝色呈暖调，但对于中黄来讲就是偏冷的黄了。冷色表现透明稀薄，有种流动、远、轻、潮湿的质感效果；暖色表现厚而不透明，有一种凝固、重、近、干枯的质感效果。一般情况，室内光源下受光面呈冷色调。如毕加索的《生命》是"蓝色时期"的重要作品之一。作品以冷色的蓝调为主，采用粗线条表现方法，通过描绘一个家庭的形象来表现他们的贫困，以表达那种排遣不去的忧郁与彷徨。又如印象派画家莫奈的《鲁昂大教堂》连作，是他对不同时刻的阳光在教堂粗粝壁面上的投射效果进行精微观察与写生的。莫奈为了把握光与色的无穷变幻，他追踪阳光，同时准备好数张画布，每当光线偏移，就立即在另一幅相应的画面上作画。冷暖色在连作中表现得淋漓尽致，莫奈将鲁昂大教堂早晨、正午和黄昏时刻瞬息即逝的色彩变化凝固在画面上，使它神奇地呈现出色调表情来（图1-30）。

（4）比色相。色相是在绘画色彩中较容易分辨的，有同一色相对比、邻近色相对比、对比色对比、互补色对比。对比强烈，彼此色彩效果越鲜明，感官刺激越大。红、黄、蓝三原色是最原始的、最典型的色相对比。后印象派、野兽派、表现主义画派大多采用对比色相作为主要的色彩组合。如野兽派画家马蒂斯《带绿色条纹的马蒂斯夫人像》，这幅画像色彩鲜艳、浓烈，笔法直率而粗犷，画面效果很强烈。据说

当时夫人身着黑衣，作者认为色彩应该用作感情的表达，所以主观地让夫人"穿上"了鲜艳的红衣，甚至他还在人物面部中央用上了一道绿色的粗线。他正是利用这条绿色的"条纹线"联系着整个画面，使画面不松散，黑的眼和眉不过分强烈，前面的头像与绿色的背景也得以联系，它使画面中红绿两色相既对比又和谐，产生了耀眼的效果（图1-31）。

图1-30
毕加索作品《生命》

图1-31
马蒂斯作品

（5）比质感。质感是物体材质及表面所形成的视觉特征，材质的坚硬、表面肌理的粗糙、细腻光洁度的高低、透明感的强弱等质感与各种材质对光的吸收和反射性质有关。花卉与蔬菜等物体有它们生长的自然特征：色彩明快、质地鲜嫩、形体自然而生动等，这些特征决定了我们必须使用流畅的笔法和润泽的色彩来表现它们。对于玻璃器皿，要充分考虑它们的透光性和光滑度，它们不但感光，而且高光点强，暗部反光也明显，易受环境色影响。如马奈晚年的作品《瓶中得到百叶蔷薇》，花瓶占据了整个垂直画幅，作者通过描绘光线透过曲面玻璃后产生的折射表现出桌上花瓶的透明质感和重量感（图1-32）。

2. 色彩形式语言的转化

（1）从写实到写意。从写实走向写意，它是原始的、感性的、悟性的，同时又是时尚的。这种写意的创作不拘于表现物象的固有色以及物体间原有的色彩关系，而是充分发挥主观想象，注重自我主观意识和情感外在的表现和宣泄，绘画者将一切来自心灵的感应变成了视觉形式，使画面产生一种强烈的视觉冲击力。超现实主义画家夏加尔的《生日》灵感来源于他

图1-32
马奈晚年的作品《瓶中得到百叶蔷薇》

的妻子贝拉的爱，用红底色表现内心的欢乐，其平面性倾诉了更深一层的喜悦。每年结婚纪念日，夏加尔都要为妻子画像。作品加入了主观因素，用色彩来表现心声，充满了诗意的表现。比利时画家玛格利特的《委任状》，画面中一位骑马者穿梭于林间草地，物象清晰明了，整个空间舒朗清澈。视觉中心的人、马、木的空间位置则是以视觉错位的方式呈现的。

（2）从冗繁到简化。在对自然物象的观察和表现中，对主体的形和色做归纳性的表现，把其他物象进行删除或简化，通过这样，集中本质，删除多余，使冗繁的自然得到艺术的加工，产生一种净化单纯的效果。以形和色的简洁为目的，使主题更突出，形象更典型，色彩更鲜明，从而获得更好的画面效果。以康定斯基的《时髦女低音》为例，鲜明的红绿对比色和简洁的造型使作品极具个性。两个错开的半圆，可以想象成人的侧脸；红色的长方形，也许是唱歌时伸出的舌头；像房子一样的形状，也许是身体。画面上，所有的对物象的描绘性因素都不见了，大小不同的色块和线条、形状相互穿插，让我们感受到一种内在的力量从画面中涌现出来。

（3）从杂乱到条理。自然表象中的色彩极为丰富多彩，但常常也是杂乱无序的，在艺术创作中，我们需要通过归纳的手法予以条理化和秩序化。在构图方式上可运用对称式、均衡式、散点式、焦点式、中心式、适形式、分割组合式等进行画面形象的经营，也可以采取对位、切割、重叠、移位、对接、透叠、共用等手法对形象进行布局、安排。法国画家罗伯特·德洛内的《红色铁塔》，画面形式构建中，遵循均衡、重复、渐次、节奏、韵律、对比、调和等形式原理，以取得完美的视觉效果；意大利画家吉诺·塞韦里尼的《蓝色舞女》，画面中不断追随形的疯狂节奏，将运动感引入空间。许多画家都以立体主义的分解手法画出许多多面体，这些多面体在不断变化的曲线中跳跃，闪烁的强烈色彩，形成了富有节奏的韵律，杂而不乱，使画面充满未来主义所追求的运动感。

（4）从写实到夸张。夸张是艺术的强化，是对真实的夸张膨化，这是艺术表现中最常用的手法之一。对于设计色彩的学习来说，需要进行色彩归纳的练

习，在构色上可以强化主观色彩意象，通过夸张，使主题得以鲜明，形象得以突出，使画面整体更富有艺术感染力。例如马列维奇的《割草人》，这幅绘画的色调主要由红色、黄色、蓝色组成，这种三原色对比协调的运用不但使得整幅绘画冷中透暖，而且演绎出俄国强烈艳丽的红绿民族色彩风格。画中的人和物都以夸张的几何图形为基本形，每个几何形都是由暗到明的过渡色填充，通过巧妙灵活的搭配，让人们的体积感和画面整体的层次感跃然纸上。又如毕加索的画作《多拉·玛尔的肖像》，作品像是从一面棱镜的焦点去看的，人物形象充满黄、绿、红等色彩，引人遐想。生活本来就是如此，然而毕加索把它延伸到肖像上了。

图1-33
莫奈作品

（二）艺术流派和绘画色彩经典作品

西方相当多的绘画大师在绘画色彩方面做了很多有益的尝试，特别是作为初学者非常有必要了解这些流派，并通过临摹、借鉴大师们的经典作品，从中学习大师们的色彩表现和组织技巧，进而打下更全面的色彩运用基础。

1. 印象派色彩

印象派兴起于19世纪60年代，兴盛于七八十年代。印象派反对守旧的古典主义和虚构臆造的浪漫主义，光与色的变换和环境色为印象派艺术家提供了新的基本模式。艺术家们都把"光"和"色彩"作为绘画追求的主要目的，他们倡导走出画室，描绘自然景物，以迅速的手法把握瞬间的印象，使画面呈现出新鲜生动的感觉。代表人物莫奈、毕沙罗、雷诺阿、德加、西斯莱、马奈等。

（1）莫奈与其代表作。克劳德·莫奈，法国画家，印象派代表人物和创始人之一。莫奈是法国最重要的画家之一，擅长光和影的实验与表现技法。他最重要的风格是改变了阴影和轮廓线的画法，在莫奈的画作中看不到非常明确的阴影，也看不到凸显或平涂式的轮廓线。他的一幅《日出·印象》引起了欧洲画坛的强烈震动，标志着印象派画的产生。《日出·印象》这幅画作所描绘的是初春薄雾中的勒阿佛尔港口日出的景象，以红、黄、蓝等华丽的色彩。表现出日出的

气氛，着眼点在色彩的趣味。画面没有细节，只有海面日出时的总体印象，那就是旭日东升、雾气迷蒙，海面波光粼粼。这幅油画是印象派画家莫奈最具世界名誉的作品，印象派也因此而得名（图1-33）。

（2）雷诺阿与其代表作。皮耶尔·奥古斯特·雷诺阿，法国印象派的著名画家、雕刻家。他的作品是典型的记录真实生活的印象派作品，充满了夺目的光彩。雷阿诺以画人物出名，以表现甜美、悠闲的气氛和丰满、明亮的脸、手最为经典。经典之作《煎饼磨坊的舞会》是他1876年所作，现收藏于法国奥塞博物馆。雷诺阿在这幅画作中表现了一群在位于蒙马特高地一家酒馆消遣娱乐的巴黎人的生活，描绘出众多人物，给人拥挤的感觉，人头攒动，色斑跳跃，热闹非凡，给人以愉快欢乐的强烈印象。他用一种棉絮般的风格表现出流溢的光线中的人物。画面以蓝紫为主色调，使人物由近及远，产生一种多层次的节奏感。

2. 后印象派色彩

印象派开创了色彩世界，为后人发掘色彩的魅力拓宽了空间。在印象派之后的19世纪末，许多曾受到印象主义鼓舞的艺术家开始反对印象派，画家们不再满足印象派绘画仅仅局限于色彩感觉的表现，努力挖掘色彩的情感力，将色彩感觉升华为色彩感情。它们不满足于刻板片面的追求光色，而强调作品要抒发艺术家的自我感受和主观情感，于是开始尝试对色彩

及形体表现性因素的自觉运用，后印象派从此诞生。成为从印象派发展而来的一种西方油画流派。代表人物有凡·高、塞尚、高更等，他们三人并称为后印象派三杰。

（1）凡·高与其代表作。凡·高是19世纪后期印象派画家的代表人物，荷兰后印象派画家。他是表现主义的先驱，对20世纪艺术造成了很大的影响，尤其是对野兽派与表现主义。他绘画生涯中一些最伟大的作品都是从1885年到1890年去世之前，这短短的五年时间内完成的。凡·高没有受过正规学院式教育，完全靠自己对绘画创作的兴趣，以疯狂的热情去钻研素描和色彩知识。他通过研读早期印象派、日本浮世绘等色彩艺术作品，用对比的色彩组合，执着描绘其眼中的自然风景，使他逐渐形成了自己的色彩语言风格。凡·高认为真正的画家是照他们自己感觉到的样子作画，在他看来色彩自身就表达了某种东西，其笔下的色彩是一种经过感觉"滤过"的色彩，是一种"人化的自然"色彩。凡·高性情孤寂、精神狂躁的内向性格，在浪漫主义的基础上努力把情感色彩本质释放出来。情感色彩被他在毫不犹豫的精神状态下转到画布上，增强了绘画感人的精神内涵，结果是这却使其绘画较以往的画相比而言更具动人的精神震撼力。

其特点是：其一，在绘画色彩的感情移植过程中，画家对情感色彩的本质完全的表现出来。因此在表现全面色彩情感本质的过程中，创造更具鲜明的绘画色彩个性和绘画形式；其二，画家由于经过自身强烈的情感色彩本质的体验和表现，使他们在情感色彩上变得更加敏感，更加充实，更加自信。凡·高是人类绘画史上运用全部生命倾注色彩情感本质的画家。由于情感的驱动、笔触的肯定、坚实的绘画色彩感情，是他的作品给人留下难以磨灭生命感情的根本原因。

凡·高的作品，如《星夜》《向日葵》与《有乌鸦的麦田》等，现已跻身于全球最知名与最昂贵的艺术作品行列。《星夜》这幅作品是凡·高在圣雷米的一家精神病院里创作的。画面中呈现两种线条风格，一种是弯曲的长线；另一种是破碎的短线，二者交互运用，使画面呈现出炫目的奇幻景象。这显然已经脱离现实，完全为凡·高自己的想象。在构图上，骚动的天空与平静的村落成对比。柏树则与横向的山脉、天空达成视觉上的平衡。整幅画的色调呈蓝绿色，画家用充满运动感的、连续不断的、波浪般极速运动的笔触描绘星云和树木，具有极强的表现力，给人留下深刻的印象。《夜晚的咖啡馆》是由深绿色的天花板、血红色的墙壁和不和谐的绿色家具组成的梦魇。金灿灿的黄色地板呈纵向透视，以难以置信的力量冲向红色背景，反过来，红色背景也用均等的力量与之抗衡。这幅画，是透视空间和企图破坏这个空间的强烈色彩之间的永不调和的斗争。《十四朵向日葵》是凡·高去世前一年（1889年）"向日葵系列"中最成功的作品。画中的向日葵极富有生命力，加之凡·高的卧室墙面刷上了同样黄色的涂料，所以，整幅作品在色彩上明度较高。其花瓶的上下色块恰好与墙面桌面的色彩明暗相对。大面积浅黄色墙面衬托了中黄、土黄至熟褐的向日葵花朵及果实，表现出生命的璀璨之美。突出向日葵的圆形母题，将画面色彩整合为一组从浅到深的黄色等差明度变化，保持了原作色彩亮丽夺目的风格。利用空间混合的方法，将原作品中的色彩分解为几种色彩的短线组合，远看仍能第一眼让人感受到凡·高《十四朵向日葵》的色彩魅力（图1-34）。

（2）塞尚与其代表作。保罗·塞尚，法国著名画家，是后期印象派的主将，作为现代艺术的先驱，西方现代画家称他为"现代艺术之父"或"现代绘画之父"。他对物体体积感的追求和表现，为"立体派"的形成开启了思路。塞尚重视色彩视觉的真实性，其"客观地"观察自然色彩大大区别于以往的"理智地"或"主观地"观察自然色彩的画家。他十分注重表现物象的结实感和画面的深度，用自由组合的色块来表现画面。他强调绘画的纯粹性，重视画面的形式构成。他极力追求一种能够塑造出鲜明、结实的形体绘画语言。

在色彩方面，塞尚恪守色彩是最伟大的本质的东西的理念，追求色彩的纯粹造型观念。创造色彩感觉与坚实的造型风格相结合的绘画色彩知觉，呈现出"像博物馆那样坚固持久的东西来"。他将从自然那里

图1-34

凡·高作品

获取的色彩感觉服从整体绘画知觉构造。他主张用色彩表现透视距离，采用被他称为富有建设性的色彩笔触作画。整幅作品充满了丰富的色彩对比。他保持着印象派敏锐的自然色彩感觉，将无限丰富的自然色彩变化引向结晶式的稳定绘画结构。在绘画过程中，实现色彩感觉与理智的有机结合，作品呈现给人结构清新严整的色彩造型艺术感觉，色彩造型壮丽、坚实、和谐。因此，他被世人称为现代绘画之父。其代表作《圣·维克特瓦山》可以明显地感觉到他在自然面前发现并实现的绘画色彩结构。该作品以画面结构主要的色彩透视取代中心透视，色彩以自身的空间和形象脱离物象表面，变成绘画造型结构，整个作品显示着与自然整体色彩的联系。

（3）高更及其代表作。保罗·高更，法国后印象派画家、雕塑家、陶艺家及版画家，他的绘画是在充分发挥情感色彩本质的基础上，更多地使用象征色彩，用它们来形容人类被压抑的原始精神。他认为："色彩，在现代绘画中起着音乐性的作用。像音乐那样频动的色彩最易普及，它在自然中同时也最难捉摸，这就是它的内在力。只要作品有色彩和谐需要，艺术家就有权随意使用色彩。"他的作品是预想

与沉思的结果。用色彩去触及人的心灵最深处，一直是高更带有象征意味的绘画特色。高更实现这种深层感情的色彩表现是以自然色彩的强化为基础的，他坚决反对一味地照抄自然，发现绘画真实本质上就是感知的精神真实。他主张画家应该根据个人的感觉，加深色彩简化形式。

在绘画技巧上，高更运用了大胆的色彩，在技法上采用平涂方式，他注重和谐而不强调对比。他的绘画风格与印象主义迥然不同，强烈的轮廓线、主观化的色彩以及经过概括和简化了的形体，都趋向于几何形图案的表现，从而取得音乐般的节奏感和装饰效果。其理论和实践影响了一大批画家，因此被誉为继印象主义之后在法国画坛上产生重要影响的艺术革新者。高更所作的《两位塔希提妇女》所描绘的是塔希提岛上劳动妇女生活的一个场景。高更采用的是近似于古埃及壁画的平涂手法，故意显露单线平涂的稚拙结构形式。画上的两个人物极富东方色彩的趣味。大面积平涂色块的装饰画法，使土著人民的棕褐色皮肤与鲜艳的裙子构成了鲜明的色彩对比。这幅画没有透视感，没有色彩的层次，充满着主观的装饰味道（图1-35）。

图1-35
高更作品

二、装饰色彩

在设计色彩的形式设计中，装饰性色彩是一种完全不同于写实性色彩的表现形式，装饰性色彩的表现具有很强的主观性。在归纳概括的基础上，装饰性色彩往往具有夸张、变形、变色的特征，这也正是装饰性色彩不同于绘画性色彩之处。

通过对装饰性色彩的考察，不难发现，相对于绘画色彩而言，装饰性色彩具有二维平面化的特点。实际上，这种现象与人类对色彩认识的进程有关。装饰性色彩比绘画性色彩要成熟的早得多，当人们在摸索写实造型观念时，就已经开始运用色彩美化来表达自己的精神需求了。由于不具备完整的空间造型观，人们的色彩表达只停留在平面上、注重外形轮廓以及色与色之间平面上的和谐阶段。

在长期的色彩实践中，人们逐渐总结出一套较为完整的与平面化特征相适应的空间造型观的装饰性色彩形式法则。直到今天，我们仍然可以从很多装饰性作品中看到画家灵活自如地运用这些形式法则。随着时代的进步，装饰性色彩的表现形式与特点也在进一步地发展和改变，绘画性的写生色彩与装饰性色彩的表现观念逐渐有机融合、相互影响，使装饰性色彩在空间形式上有了更为宽泛的表现余地。近、现代的绘画创作在色彩上也屡屡借鉴装饰性色彩的表现形式，获得了不同凡响的视觉美感。20世纪初，野兽派画家马蒂斯的绘画就带有强烈的色彩装饰美感。他的作品

把装饰性色彩提高到"创作观"的层面上加以认识，将色彩的美感结构与人性化、直觉化等因素结合起来，为后继的绘画提供了一个全新的认识平台。

1. 装饰色彩概念

装饰色彩是研究色彩的三种属性之间的关系、色彩对比、调和规律以及人的生理、心理之间的关系，是对自然界色彩的一种整理、归纳和概括，按照美的需要，对色彩进行变色变调的处理或审美形态的加工。装饰色彩带有很强烈的理想化倾向，以象征的手法去概括和表现自然，给人以启示性的感受。总之，装饰色彩与绘画色彩一样，同为人类认识和表现自然的精神成果。

2. 装饰色与绘画归纳色

所谓装饰，是在物体表面加些附属的东西，使其美观；而绘画，是真实地描绘事物。

绘画色彩要求客观的、科学地观察、分析和表现客观世界的色彩规律。装饰色彩不以模仿再现真实的事物为满足，它不依附于客观事物，是超越自然真实物象之外的纯粹色彩。

色彩归纳表现所呈现的风格一般具有装饰画的特点，但并不意味着装饰画就仅仅是色彩归纳。除此之外，装饰画还有装饰的部分，还有其他的方法，只不过装饰画会采用色彩归纳的方法，二者是不同的概念。色彩归纳是装饰画最重要也是最基本的色彩方法，所以，色彩归纳与装饰画有着非常紧密的联系，学习色彩归纳，就必须理解装饰画的知识。与归纳色彩一样，装饰色彩是在自然色彩的基础上概括、提炼、想象和夸张后形成的色彩。它所采用的最基本的方法就是色彩归纳法。归纳色彩主要体现在使表现对象秩序化、单纯化。以安达鲁杰克琳的作品《有中国茶壶的景物》为例，在具有丰富色彩的同时，自然景物和客观对象也会显得比较杂乱。在创作过程中，应力求使形象构成因素排列组合有序，使之规则化、条理化，化烦琐为简洁，以求在整体上具有装饰性特点。

装饰色彩和归纳色彩有着本质上的内在联系。但是，它们却是不同的概念。装饰，是一种绘画形式；归纳，是一种色彩的方法，它们有互为表里的关系，并以对方的因素成为自己的特点。

3. 装饰性色彩写生的表现

装饰性色彩是一种完全不同于写实性新色彩的表现形式，装饰性色彩的表现具有很强的主观性。装饰性色彩写生的表现方法大致有以下几种：

（1）色彩的归纳。色彩归纳可以使画面达到统一、和谐、有序的装饰效果。色彩归纳一般分为限色归纳与同色归纳（图1-36）。

限色归纳：在进行色彩写生时，我们应根据实际情况选择色彩，通过色彩的分析与整理，将写生对象色彩概括为有限的几套色，再对物体进行表现与塑造。

同色归纳：在摆放静物或自然风景时，有意识地选择色彩属性相同的对象进行并置，这样，在归纳整理的过程中，那些属性相近似的色彩往往可以用一种或两种色彩来表现，这就使纷繁复杂的客观色彩变得单纯而明快。

色彩的归纳简化不等同于简单化，不是简单地去掉一些细节，而是一个概括提炼的过程。维兰迪米尔·尤克的作品《五月》正是通过造型构思、色彩概括，用简洁朴素的艺术语言表现了故乡的五月充满活力与纯情的景物，表达了复杂多样的精神内涵，从而产生了单纯却又丰富的艺术效果。

（2）色彩的夸张。在进行装饰性色彩写生时，经常会用到色彩夸张的表现方法。色彩夸张是指将客观色彩有意识地强化或弱化，从而形成鲜明的色彩个性。经过分析处理后的色彩夸张，强的部分更强，弱的部分更弱，在画面整体协调的基础上，强化了色彩之间的对比关系（图1-37）。

如：瓦伦瑞·耶戈罗夫的作品《伏尔加河的春天》，在装饰性绘画中，使用夸张手法就是将物体或人物变形变色。装饰性绘画中不光有变形还要有变色，变色比变形更具有普遍性。根据变化程度的不同，变色通常分为常理变色和非常理变色，两者都是追求画面形式意味的主观需求，使画面更富有艺术效果。又比如：安东尼·德罗奇的作品《花》，色彩的夸张是一种绘画艺术的处理手法，它将生活真实的色彩按照能突出其物体本质的色彩特征，并根据画面需要，加强或减弱，使画面具有强烈而生动的色彩效果，从而表现出生动的艺术感染力。

（3）勾线平涂色。在色彩归纳的基础上，用勾线平涂的方法来进行装饰性色彩表现的常用方法。所谓勾线平涂，是指一种以线条为画面主要结构，并在线条间填补平涂性色彩的表现手法，简言之，就是用线条来描绘物体的轮廓并在线条间填画出平涂性的色彩。具体表现时，要注意线条的疏密、粗细、曲直变化，这些变化对形成画面的节奏感与空间层次关系至关重要。勾线平涂使画面有突出的平面化特征，画面的装饰效果也很强烈。平涂是相对于绘画性画法而言，物体大面积的颜色相对单纯。平涂可以薄涂也可以厚涂，厚涂可以形成斑驳的肌理感。在勾线平涂法中，线条在表现画面结构、限定色彩空间方面的作用是十分显著的。线条往往具有相对独立的审美意义。线的粗细、疏密、曲直变化对装饰性色彩表现力的影响举足轻重（图1-38）。

图1-36
wwf品牌广告

图1-37
同色归纳

图1-38
有线平涂色

（4）**装饰肌理色**。装饰肌理色是由颜料或各种相关工具材料处理成各种不同的画面效果，这种制作方法通常指用笔以外的工具帮助完成的特殊手段。它是造型艺术特有的美感特征，因所拥有工具或材料的不同而表现出不同的感觉。肌理是物体表面的组织纹理结构，即各种纵横交错、高低不平、粗糙平滑的纹理变化。它之所以成为艺术创作的语言之一，就在于不同工具和材料所表现出来的美感特征已成为艺术家进行各种情感和观念表达的重要组成部分之一。肌理效果的制作有多种手段，其中，喷溅、拓印、揉搓、刮、刻、滴彩、拼贴等是常用的表现技法。这些特殊的表现技法拓宽了装饰性色彩的表现力（图1-39）。

（5）**色彩的空混**。将不同的颜色并置在一起，当它们在视网膜上的投影小到一定程度时，这些不同的颜色刺激就会同时作用到视网膜上非常邻近部位的感光细胞，以致眼睛很难将它们独立分辨出来，便会在视觉中产生色彩的混合，这种混合称作空间混合，又称并置混合，由于并不是颜色之间真正混合，因此必须借助一定的空间距离观看来完成。空间混合的效果取决于三个方面：一是取决于色彩间的并置来表现对象的基本形，如用小色点（圆形或方形）、色线、不同的风格或不规则的形等。这些原色排列越有序，形越细、越小，混合的效果越整体，否则，混合后的画面效果会杂乱、眩目，没有形象感；二是取决于并置色彩之间的对比度；三是取决于观者距离的远近，空间混合制作的画面，近看色点清晰，但是没有什么形象感，只有在一定距离以外观看才能获得明确的色调和图形（图1-40）。

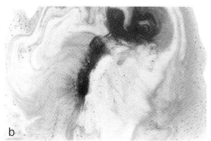

图1-39
色料的特殊用法

图1-40
色彩的空混

色彩的空间混合是认识色彩间相互规律的训练方法，是将写生对象依据色彩原理分解为层次不一、相互呼应、相互对比的点状色块。根据画面形式感的需要，这些色块的形状可以是笔触状的，也可以是几何形的。色块面积越小，色感就越丰富细腻。用色彩空间混合的方法来表现的画面，色彩鲜明、活跃，色彩层次丰富，有很强的逻辑性。

4. 装饰性色彩写生的重点

装饰性色彩写生强调主观地对所要表现的对象在色彩上进行归纳。色彩的归纳必须以色彩大关系的调和和对比为基础，突出色彩的整体感，注重大的色彩层次，减弱不必要的微观色彩变化。同时，色彩的归纳应与形态的归纳概括相一致，因此，我们在进行色彩归纳的同时，也要对复杂的客观形态进行概括与提炼。

装饰风景画的作画目的是为了表达宏观的印象，而不是大量事物的烦琐堆砌。装饰性风景画无论对构图还是造型，都更加注重概括其整体特征，为了表达主题的需要，不惜舍弃大量局部、细节的描绘，以表达出对自然更强烈的感受和理解。

装饰风景画仅仅是以现实中的风景为依托，对现实中的风景进行想象、加工、组合和创造，一切构图形式都是为理想中的画面服务，没有固定的格式和限制。装饰风景画除了使用传统的焦点透视方法外，还使用散点透视、反向透视、混合透视等方法来增加和丰富画面。应根据画面表达的需要来选择透视方法，从而使装饰性风景画更加生动，更富于变化。

5. 装饰性色彩的形式

（1）平面化。将客观对象从三维立体形象变为二维平面形象，通常以线造型，并运用概括、夸张、提炼、变形等方法，在画面上展示对象富有装饰美的平面结构特点（图1-41）。

纵观古今中外，装饰画平面化造型的形象比比皆是，日本浮世绘造型、汉画像石、画像砖、埃及墓室壁画、希腊瓶画的造型处理等。在西方现代派绘画中，一些艺术大师的作品也表现出装饰画的平面化特征，利用"打散"和"多视点"等构图，加强了作品的韵律感和装饰趣味。如乔治·勃拉克，法国立体派绘画大师，他的作品多数为静物画和风景画，画面简洁单纯，严谨统一，色彩朴实精美且富有高雅趣味，黑色、灰色、浅灰褐色、绿色、白色的运用使他的作品别具一格。

（2）单纯化。简化过多的中间层次，通过提炼、变形、省略细节等方式，强调主体色调使画面感染力更加突出（图1-42）。

意大利静物画家乔治·莫兰迪的作品将那些生活中的杯子、盘子和瓶子置入极其单纯的色彩之中，以造成最奇特、最和谐、最简洁的画面气氛。莫兰迪的绘画常带有浓烈的视觉真实性、一致性和整体性。他几乎从来不用鲜亮的颜色：在他的画面上，每一个色块都是灰暗的中间色。然而，这些孤立看来都毫无生气的颜色，经他的巧妙摆弄，不但不脏、不闷，反而熠熠生辉，显得高雅精致，浑然天成。他的画作都很安静，色彩上极其简单，只是用了很

图1-41
平面化

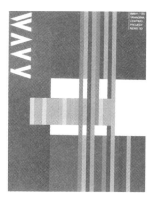

图1-42
单纯化

多不同种类的灰色。

（3）秩序化。使画面带有一定的规律感，运用重复、渐变、放射、对比、统一等形式构成画面，使画面的表现语言更丰富，最大限度地体现出色彩的装饰美（图1-43）。

如瓦西里·康定斯基的大部分作品，画中充满了主题的含意和形式之间的冲突，运用抽象手段来表现，使画面呈现出一种浓烈而富于对比秩序化的色彩组合。他的作品《红黄蓝》的画面中布满了红、黄、蓝不规则的色块，没有视觉上可参照的自然物象，也没有特定的主题内容，只是点、线、面、色在空间运动中的交织。整体画面呈现了一种前所未有的视觉效果，复杂的线条交叠中给人一种节奏感，秩序化的将画面的浮动的不规则色块重叠在一起，相互的

图1-43
秩序化

旋转着，忽离忽合的冲突，给人以生命力和运动的效果。

6. 艺术流派与装饰色彩经典作品

装饰色彩是写实性绘画色彩的延伸与发展，它偏重于抽象和主观。装饰色彩不追求物象的如实写照，而是有意地改变现实中对象的性质、形状、色彩，对具体的事物进行夸张变形、简化、省略，以形成主观的理想造型，是烛光对自然形态的再创造。

（1）巴黎画派色彩。巴黎画派是19世纪后期至20世纪前期在巴黎诞生的艺术运动，它以基于写实的变形夸张造型为主，形成了自己的艺术语言，作品具有神秘或忧伤的色彩。代表人物：夏加尔、莫迪里阿尼。

1）莫迪里阿尼与其代表作。

莫迪里阿尼（1884—1920年），意大利杰出的绘画大师、享誉世界的艺术天才。莫迪里阿尼利用后印象主义对绘画空间的限定和立体主义对色彩的限制从事他的绘画创作。人物和内部空间一体化，形成一种线条图案或雕塑式的绘画风格。运用了原始人刻画性格的技法，人物的轮廓线流畅而又准确，造型上优美的"拉长"手法，并没有使人产生怪诞变形的视觉感受。

他的作品有《夫妇》《斜躺的裸女》《穿黄毛衣的珍妮》《大裸妇》等，通常情况下，莫迪里阿尼只画单人物像，《夫妇》这幅作品却是一个例外。画中人物是以由右向左的斜线方向进行安排。为了取得画面的平衡，在左上方画了一个类似窗户的形体，右边又画了一条垂直线，而使画面平分成两半。但在线与新郎衣服接触的地方又用同类的黑色使衣服同背景浑然一体，以求得画面的统一。画面有着立体派及黑人雕

塑所具有的分析手法及平面性的表现特征。

2）夏加尔与其代表作。

马克·夏加尔（1887—1985年），白俄罗斯裔法国画家、版画师和设计师。他的作品依靠内在诗意力量而非绘画逻辑规则把来自个人经验的意象与形式上的象征和美学因素结合到一起。他的油画善于把立体构成因素融化在富于幽默感和抒情味的表现语言中，色彩鲜明、别具一格。他历经立体派、超现实主义等现代艺术的实验和洗礼，发展出独特的个人风格，在现代绘画史上占有重要的地位。夏加尔以其梦幻式、奇特的意象和色彩亮丽的帆布油画闻名世界。代表作品有《我与村庄》等，其中，《我与村庄》是夏加尔初到巴黎的成名作。画面的背景是典型的俄国农舍和教堂的塔顶，记忆着艺术家故乡的风景。画面采用了立体主义的分割法，所有的物象都被分割成了不同的形状组合在一起。一个人与乳牛的侧面脸庞构成了画面的主要部分，他们好像正在亲切谈话，充满了温馨和默契的神态。色彩的运用也很大胆和强烈，绿色的人脸，白色的眼睛和嘴巴以及深红色的背景和黑色的远方，看上去色彩饱满、对比强烈，有一种热烈和醒目的力量，很好地衬托了画中超现实主义的幻想风格。

（2）立体派色彩。立体派是西方现代艺术史上的一个艺术运动和流派，又译为立方主义，1908年始于法国。这个名称的出现含有偶然性。1908年，布拉克在恩韦勒画廊展出作品，评论家活塞列斯在《吉尔·布拉斯》杂志上评论说："布拉克先生将每件事物都还原了……成了立方体"，这种画风因此而得名。代表人物：毕加索、布拉克。

毕加索与其代表作：

巴勃罗·毕加索（1881—1973年），现代艺术的创始人，西班牙画家、雕塑家，西方现代派代绘画的主要代表。他的一生留下了数量惊人的作品，风格丰富多变，充满非凡的创造性。代表作品有：《亚威农少女》《卡思维勒像》《瓶子、玻璃杯和小提琴》《格尔尼卡》《梦》等。他于1907年创作的《亚威农少女》是第一张被认为有立体主义倾向的作品，是一幅具有里程碑意义的著名杰作。它不仅标志着毕加索个人艺术历程的重大转折，而且也是西方现代艺术史

上的一次革命性突破，引发了立体主义运动的诞生。

《亚威农少女》这幅作品运用一种在二维平面上表现出三维空间的新手法。画面中有五个裸女和一个静物，组成了富于形式意味的构图，色彩对比突出，比如画面上两个极端扭曲的脸，红黑白色彩的对比，看上去狰狞可怕，充斥着神秘的恐怖主义色彩。

（3）野兽派色彩。野兽主义是自1898—1908年在法国盛行一时的现代绘画潮流。野兽主义是西方20世纪前卫艺术运动中最早出现的一个流派，可以说西方绘画中的现代艺术是从这里开始的。野兽派继承了后印象派的传统，力求用一种个人主观的表现手法进行创作，其作品新颖、大胆、色彩鲜明，艺术表现力极其强烈。野兽派画家热衷于运用鲜艳、浓重的色彩，往往直接从颜料管中挤出颜料，以直率、粗犷的笔法，创造强烈的画面效果，充分显示出追求情感表达的表现主义倾向。代表人物：马蒂斯、弗拉曼克、德兰。

马蒂斯与其代表作：

亨利·马蒂斯（1869—1954年），法国著名画家，野兽派的创始人和主要代表人物，也是一位雕塑家和版画家。他以鲜明、大胆的色彩而著名。他吸收了东方艺术和非洲艺术的表现方法，形成"形式色彩单纯化"的画风，提出"纯粹绘画"的主张。其代表作有《舞蹈》《华丽第一号》《妻子肖像》等。《舞蹈》这幅作品创作于1909—1910年，描绘了五个携手绕圈的女性舞蹈人体，朴实而具有幻想深度。这幅画没有具体的情节，也没有令人烦恼和沮丧的内容，而描绘了一种轻松、欢快，又充满力量的场面。整幅画色彩极其简约，只有三种颜色，却具有极大的精神力度（图1-44）。

（4）维也纳分离派色彩。维也纳分离派是在奥地利新艺术运动中产生的著名的艺术家组织。1897年，在奥地利首都维也纳的一批艺术家、建筑师和设计师声称要与传统的美学观决裂，与正统的学院派艺术分道扬镳，故自称分离派。代表人物：克里姆特。

克里姆特与其代表作：

古斯塔夫·克里姆特（1862—1918年），维也纳分离派绘画大师，奥地利画家。早年授业于维也纳

图1-44
马蒂斯作品

工艺学校，1890年加入维也纳美术家协会。他的作品借鉴了古埃及、古希腊及中世纪诸艺术形式，将强调轮廓线的面和古典主义镶嵌画的平面结合起来，创造出一种独特的富有感染力的绘画样式。代表作为《埃赫特男爵夫人》。1897年退出维也纳美术家协会，另外组织维也纳分离派。其代表作品还有藏于奥地利美术馆的《吻》。《吻》这幅作品是他在黄金时期所创作的，在此期间，他常常用金箔来做画，画面上色彩主要是金黄色，点状的背景以及开满鲜花的草地把整幅画衬托得唯美而轻柔。画作呈现出一对相拥在一起的恋人，他们的身体借由长袍缠绕在一起。男人和女人身上充满了各种各样的图案纹样，除了女人有完整的身体曲线外，男人则完全处于这些图案的包围中。而这些长方形、螺旋形、圆形的各色图案有着很强的装饰效果，也充斥着神秘的象征意义。整幅画面给人一种新鲜而典雅的艺术享受（图1-45）。

图1-45
克林姆特作品

三、意象色彩

1. 色彩的个性心理

在研究意象色彩前，我们需要了解一下色彩的个性心理，由于人的个性存在着一定的差异，也就不可避免地造成了不同的色彩偏好心理。这种个性心理活动不仅与人的年龄、性别、民族、地区有关，而且与个人性格、境遇、气质、经历等因素有关。

（1）与**年龄性别**的关系。随着年龄的不断增大，人的生理状况也不断发生变化，对色彩所产生的心理感受也会随之变化。婴儿辨别色彩的能力较差，长波长的红和黄是其偏好；儿童时代最偏好的色彩是对比色强烈的红色和绿色。随着年龄的增长，一般来讲，对色彩的偏好程度是从活泼的鲜艳色向朴素的沉静色过渡的。由于生活环境的不同，乡村的儿童偏好青色和绿色，其中一部分原因是对青绿色的原野的联想所造成的。相比之下，女孩与男孩之间对色彩的偏好也有所不同，男孩对色彩的偏好秩序为绿、红、青、黄、白、黑，而女孩则是绿、红、白、青、黄、黑，绿与红为共同偏好之色，女孩比男孩更偏好白色。人在进入青年和中年时，由于生活经验的丰富，色彩的偏好与联想的关系越来越多，所形成的色彩偏好心理也不尽相同。

（2）与**民族地区**的关系。不同的国家，不同的民族，因其社会、政治、经济、文化以及生存环境传统生活习惯的不同，所表现出的性格、兴趣、气质也各有不同，对色彩也各有偏好。

红色在中国和东方民族中被视为喜庆、热烈、幸福的象征，传统节日、婚嫁、庆典都以红色为主色调。绿色在信奉伊斯兰教的国度中是最受欢迎的颜色，它被象征为生命之色。黄色在中国封建社会里一直是帝王的专用色，在古罗马，也曾作为帝王之色而备受尊重；另外，黄色在信奉基督教的国家中被认为是叛徒犹大的颜色，在伊斯兰国家中，黄色又是死亡的象征。

色彩的心理还与人类所居住的地域有关。居住在低纬度地区的人接受的阳光充足，对自然的变化感觉敏锐，因而喜好强烈的鲜明色；而高纬度地区的人对自然的变化感觉较迟钝，喜好柔和黯淡的色调。对于欧洲来讲，北欧的阳光接近发蓝的日光灯色，南欧的阳光偏发黄光的灯光色，因而南欧的意大利人喜好黄、红等暖色调，而北欧人则喜好青、绿等冷色调。

即使生活在同一国家的同一民族而由于所居住的环境条件不同，对色彩的喜好也有所不同。就城市与农村而言，农民一般喜好大红、大绿等鲜艳的色彩，而城市居民则讲究使用文雅、舒适的色彩。

（3）与个人差异的关系。性格、兴趣、境遇、生活经历以及人的气质的不同和差异，造就了人与人之间的个性心理差异。不同的人对色彩的爱好和心理感受也千差万别，不论是杨贵妃的锦绣华贵、王熙凤的彩绣辉煌，还是李清照的"绿肥红瘦"、祥林嫂的月白净裙，都是运用色彩来描述其不同性格的真实写照。特别是中国传统戏剧，就善于用不同的色彩来表示忠、奸、善、恶、美、丑。红脸的关公是忠义的体现；黑脸的包公是刚直的体现；白脸的曹操是奸诈的体现。

古希腊和罗马的医生认为，气质是高级神经活动类型的特点在动物和人的行为中的表现，并提出四种基本的神经活动类型，即兴奋型、活泼型、安静型、弱型。各种类型的人明显表现出不同的性格态度及心理特征，他们对色彩的感受及反映出来的情绪是不一样的。

2."意象"的概念

"意象"是中国古典美学范畴，是指在艺术想象中产生的审美意象。"意"指审美关照和创作构思时的感受、情志、意趣。"象"指出现于想象中的外物形象，两者密不可分。在艺术创作中，"意象"指主观情感与客观物象交融而形成的心理现象，或是经过想象加工而在脑子里形成的事物形象。

在艺术创作中，"意象"是人们对客观事物进行审美关照的产物，是艺术创作和艺术鉴赏的重要环节。艺术家在进行创作时，总是首先以自己的主观情意去感受外在的物象。当主观情意与外在物象互相契合时，头脑中就会产生一种具有美感的形象，这就是意象。然后通过物态化的形式表现于作品中，就成为艺术形象（图1-46）。

主观情感+外在物象=美感形象；物态化=艺术性形象；意象=心理现象

因而，艺术从形象中可以探求作者的审美意象。欣赏者在关照艺术作品时，也总是以自己的主观情意去感受作品的艺术形象。当其主观情意与艺术形象互相契合时，头脑中也会产生"审美意象"。意象不是物理性的实体，而是心理性的精神现象。它是主客观的统一，而且是统一于主观，是意和象的结合，是意中有象，象中有意的一种相互融合的关系。

意象性归纳更强调主体对客观对象的充分感受。

图1-46
意象的概念

描绘中强化主观意念，在表达形式上更趋于情绪化、意境化、表现化，这也是一种打破习惯性思维，强调探索性或创造性思维的方法。而在绘画写生的形式中，如果以自然真实的距离来划分，可分为具象和抽象；以认识论来划分可分为再现和表现。再现和具象是以如实描绘的写实性手法来表现对象的，故而准确深入地表达出对象的形体、结构和空间关系的客观状态是其进行描绘的基本原则。意象性归纳的关键是主体首先要有意象。它是主体通过对客观对象的认知所产生的一种心理现象。

我们知道，色彩归纳写生面对的形象是具体的、可感知的物象。它是客观存在的，本身不带有人为的主观意志和感情，而意象是寓意于象，意中有象，是客观物象进入主体视野后，经过头脑改造使之成为表现主观意念、情感、达到意与象相融一体的画面形象。当面对客观事物进行表现时，立意，即成为画面表现成败的关键。

在写生过程中，作者对描写对象的观察、体验应在头脑中形成某种主题思想以及如何通过艺术形象来表现主体的意图。这不仅是一种观察体验，也是一种审美过程。在这一过程中，作者将对象的感性形态与自己的心意状态相融合，形成蕴于胸中的具体形象，并通过一定的形式表现出来。即如马克思美学认为的那样：审美意象是人的大脑对客体形象的主观印象，具有客观的形象性。又经过对客体的选择、集中、概括加工等主体意识的改造，渗入了主体的思想、情感、想象，含有不同程度的理解因素。是被接纳改造过的客体的"象"与主体的"意"的统一；是主体感知的形象经过意识系统的作用而形成的意中之象或象中之意。写生中的意象是一种酝酿和构思，做到胸有成竹，才能使画面达到生机勃勃的效果。

意象性表现强调对画面意境的追求。意境是艺术家的审美体验、感情理想、意境与富有形象性的生活图景交融一体而形成的艺术境界。意境由情景交融构成，但又不止于情景交融。它是通过对情景交融的形象描写，展示一个更为广阔的审美空间，使人得到无穷的意味。意境是虚与实、形与神、鲜明与含蓄、有限与无限的统一。它既能展现事物外在的形貌，又能传达事物内在的精神气质，还能表现作者对客观事物的审美感受。它是在有限的具体形式中，蕴含无限丰富的思想艺术内容。

意境贵在艺术的真实和创新。它要求作者以对客观事物的主观感受为基础，根据自己对客观事物的独特把握，抓主物象的典型特征，进行艺术概括加工，融入自己的思想感情。运用新颖独到的艺术形式加以表现，创造出新颖独特，寓意深远的艺术形象。

3. 意象色彩的倾向性

在形式或方法上，意象性归纳写生常体现出以下几种倾向。

（1）写意性倾向。写意，是中国画传统的笔法之一，相对于工笔而言。它是指用豪放、洒脱、简练的笔墨描绘物象的形神，抒发作者的感情。在表现对象上运用概括、夸张的手法，用笔虽简但意境深邃，具有一定的表现力。

造型上，写意变化不像写实变化那样，在自然物象上加以调整修饰，把自然物象彻底改造修理一番。而是以物象为契机表达自己的胸中意气。在形象、色彩、构图等方面完全可以突破自然形象本身的束缚，充分发挥想象力，运用各种处理手段和表现技法予以大胆的加工，但又不失原形象固有的特征。因而，整体、夸张、概括以及强调感性、随意性，是写意倾向的主要特征。其要求有高度的概括力，有以少胜多的含蓄意境。

写意首先要有意象，注重内心感受和视觉印象的整体感觉。面对描绘物象应有感而发，在表现时做到胸有成竹，一般而言，写意强调对描绘对象的意象式图解。在构图上可采用混合透视，突出形象布置的自律性，使单个的物象随作者的主观想象和画面上的形式构成需要来进行。在形体塑造上强调力度和强度，运用大色块，大笔触来表现，画面充满激情，粗犷并富有张力（图1-47）。

（2）表现性倾向。更注重主观意识及情感的表现和宣泄，强调人的内在需要（情感、知觉）及外在表现。写生或作画时多强调有感而发或主观激情的宣泄，以形、色、线条、块面、肌理为媒体，根据情感需要做形象的主观组合，画面中多以奇艳的色彩，粗

图1-47
写意性倾向

多揭示了文化作用下，人的心理情趣。

寓意倾向尤其可以从色彩的情感方面得以体现。颜色本身是没有情感的，由于人们对于事物的感受和认知往往会产生联想，人的思想感情也会产生联想。同时，人的思想感情也经常是从现实到浪漫，又从浪漫回到现实，运用比喻联想、寓意、象征的手段，将这些感情寄托于自然，或通过自然来抒发自己的情感。这种自然物象的人格化就成了艺术的花笑、愁云、喜雨、红肥、绿瘦的感觉，这也是人们对自然物象所产生的意念，对色彩的感觉所引发的情感。在意象性归纳写生时，每个人对形态和色彩的感觉是不同的。由于人们的生活经历不同，在性别、年龄、性格、喜好、习惯意识等方面都会对感觉要素产生明显的影响。同样的自然物象，都会在表现感受和情绪的写生中流露出来。因而，比较容易形成个性和形式风格的多样性（图1-49）。

（4）抽象化倾向。意象化归纳写生注意主观意识情感的表现，写生和作画时多强调有感而发或主观激情的倾泻。由于人的情感世界不是具象的，所以面对客观具体的物象时，作画的人常常根据情感需要作抽象的主观组合，创造出写实性绘画语言无法表达的抽象形式。并用这种造型语言来完满的表现同样的抽象的思想和情绪（图1-50）。

在抽象化倾向表现中，常用的手法是舍弃客观实物的具体形状，提取某些形象元素来加以组合，创造。或通过对客观物象从"具象"到"抽象"的演

放的线条，夸张、变形扭曲的形体来表现，产生一种强烈的视觉冲击感。

意象归纳中的表现性倾向，同绘画流派中的表现主义的创作和表现方法有某些相似之处。表现主义是从后印象主义演变而来的。它一反印象主义画家对形体和光色的"美"的追求，不满足于对客观事物的外形的忠实摹写，转而重视事物外形的"力"和"激情"的表现，注重艺术家自身心灵的真实。在形式上，常常突破事物的偶然现象，大量使用变形、夸张和抽象手法，画面在形、色、肌理等方面多给人一种强烈的感受（图1-48）。

（3）寓意性倾向。寓意性倾向是画面中运用比喻、联想、寓意、象征的手段，来更好地表现作者意图和思想情感的一种方法。在寓意性倾向中，立意和构思表现得更为明显。除了以现实物象为依据的写实化和抽象化的写意变化外，还有一种是通过对客观事物注入某种文化内涵而形成的变形手法，这种变形更

a

b

图1-48
表现性倾向

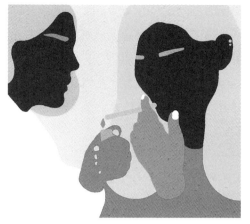

图1-49
寓意性倾向

a

b

图1-50
抽象化倾向

化，使之过渡为抽象图形，以达到表达情意的效果。

　　抽象化可以创造出抽象美，产生联想或多指向思维效果。在表现形式上，排除了客观事物的具体形象，凭借线、点、块和色彩、肌理等抽象形式组合画面，直接抒发感情，追求画面的韵律和节奏，激起人们的审美感受。留给人们的印象是广阔、深远和无限、朦胧的。能使人产生联想、体味、补充的主动心理。例如，几何化是指借助几何上的数理关系，如等差、等比分割、对角线、斜线分割和数据曲线以及依照线形，如直线、曲线、弧线、直与曲结合线进行造型手法。这种手法给人视觉和心理上以数理逻辑性强，装饰元素突出的强烈感受。

4. 色彩的意象特征

　　色彩的象征功能是色彩联想的延伸。人们共同的色彩联想经长期的感情积淀，自然而然就形成了一些约定俗成的习惯，形成对色彩的应用法则，使色彩表情逐渐形成一种心理记号，由此奠定了各种色彩的象征性地位。从而在人们的心目中，色彩逐步成为一种抽象的、主观的观念。色彩的象征性在世界范围内有很大的共同性，但也因民族习惯、居住环境、文化差异、宗教信仰不同而存在着一定的差别。

　　当我们看到色彩时，除了会感觉其物理方面的影响，心里也会立即产生感觉，这种感觉一般难以用言语形容，我们称之为印象，也就是色彩意象。这是由于不同波长色彩的光信息作用于人的视觉器官，通过视觉神经传入大脑后，经过思维，与以往的记忆及经验产生联想，从而形成一系列的色彩心理反应（图1-51）。

　　（1）红色的意象。由于红色容易引起注意，所

图1-51
色彩的意象特征

以在各种媒体中也被广泛地利用，除了具有较佳的明视效果之外，更被用来传达有活力，积极，热诚，温暖，前进等含义的企业形象与精神，另外红色也经常用来作为警告，危险，禁止，防火等标示用色，人们在一些场合或物品上，看到红色标示时，常不必仔细看内容，便能了解警告危险之意，在工业安全用色中，红色即是警告，危险，禁止，防火的指定色。

红色可联想到：太阳、火花、彩霞、红旗、热血、红花、警示等；

红色积极含义：热情、激奋、喜悦、高涨、热烈、革命、欢庆、勇猛、力量、爱情等；

红色消极含义：危险、疼痛、紧张、屠杀、残酷、事故、战争、爆炸、亏空等。

（2）**橙色的意象。**橙色明视度高，在工业安全用色中，橙色即是警戒色，如火车头，登山服装，背包，救生衣等，由于橙色非常明亮刺眼，有时会使人有负面低俗的意象，这种状况尤其容易发生在服饰的运用上，所以在运用橙色时，要注意选择搭配的色彩和表现方式，才能把橙色明亮活泼具有美感的特性发挥出来。

橙色可联想到：秋天、果实、灯光、烛光、夕阳等；

橙色积极含义：公平、环保、生态、青春、畅通、生命、春天、清爽、安全等；

橙色消极含义：暴躁、不安、欺诈、嫉妒等。

（3）**黄色的意象。**黄色明视度高，在工业安全用色中，黄色即是警告危险色，常用来警告危险或提醒注意，如交通信号标志上的黄灯，工程用的大型机器，学生用雨衣，雨鞋等，都使用黄色。

黄色可联想到：阳光、秋菊、麦田、沙滩、柠檬、香蕉、沙漠等；

黄色积极含义：光明、兴奋、明朗、活泼、丰收、愉悦、轻快、财富、权力等；

黄色消极含义：病痛、胆怯、骄傲、下流等。

（4）**绿色的意象。**在商业设计中，绿色所传达的清爽，理想，希望，生长的意象，符合了服务业、卫生保健业的诉求，在工厂中为了避免操作时眼睛疲劳，许多工作的机械也是采用绿色，一般的医疗机构场所，

也常采用绿色来做空间色彩规划及标示医疗用品。

绿色可联想到：草坪、树冠、森林、嫩芽、夏天等；

绿色积极含义：和平、自然、生命、青春、畅通、安全、宁静、平稳、希望等；

绿色消极含义：生酸、失控等。

（5）**蓝色的意象。**由于蓝色沉稳的特性，具有理智，准确的意象，在商业设计中，强调科技、效率的商品或企业形象，大多选用蓝色当标准色、企业色，如电脑，汽车，影印机，摄影器材等。另外蓝色也代表忧郁，这是受了西方文化的影响，这个意象也运用在文学作品或感性诉求的商业设计中。

蓝色可联想到：海洋、天空、山脉、冰川、阴影等；

蓝色积极含义：平静、宽容、辽阔、深远、包容、浩瀚、幽远、清淡等；

蓝色消极含义：寒冷、伤感、孤独、冷酷等。

（6）**紫色的意象。**由于具有强烈的女性化性格，在商业设计用色中，紫色也受到相当的限制，除了和女性有关的商品或企业形象之外，其他类的设计不常选作为主色。

紫色可联想到：紫藤、葡萄、丁香花等；

紫色积极含义：神秘、高贵、浪漫、梦境等；

紫色消极含义：悲哀、忧郁、痛苦、毒害等。

（7）**褐色的意象。**在商业设计上，褐色通常用来表现原始材料的质感，如麻，木材，竹片，软木等，或用来传达某些饮品原料的色泽及味感，如咖啡，茶，麦类等，或强调格调古典优雅的企业或商品形象。

褐色可联想到：大地 、泥土、咖啡、毛皮、树皮等；

褐色积极含义：原始、坚固、纯朴、本真、自然、稳重、典雅、亲切、安全、温暖等；

褐色消极含义：腐烂、贫困、寂寞、粗放、污染、颓废等。

（8）**白色的意象。**在商业设计中，白色具有高级、科技的意象，通常需和其他色彩搭配使用，纯白色会带给别人寒冷，严峻的感觉，所以在使用白色

时，都会掺一些其他的色彩，如象牙白、米白、乳白、苹果白，在生活用品、服饰用色上，白色是永远流行的主要色，可以和任何颜色作搭配。

白色可联想到：荷花、冰天雪地、白云、瀑布、白帆、婚纱、白墙、送殡等；

白色积极含义：纯洁、明净、淡泊、空灵、飘逸、轻盈、神圣等；

白色消极含义：恐怖、冷峻、单薄、孤单、隔阂、消失、拒绝等。

（9）**黑色的意象。**在商业设计中，黑色具有高贵，稳重，科技的意象，许多科技产品的用色，如电视，跑车，摄影机，音响，仪器的色彩，大多采用黑色，在其他方面，黑色庄严的意象，也常用在一些特殊场合的空间设计，生活用品和服饰设计大多利用黑色来塑造高贵的形象，黑色也是一种永远流行的主要颜色，适合和许多色彩作搭配。

黑色可联想到：夜幕、山洞、煤炭、晚礼服、葬礼等；

黑色积极含义：庄严、神秘、坚毅、果敢等；

黑色消极含义：悲哀、肮脏、恐怖、沉重、吞噬、绝望等。

（10）**灰色的意象。**在商业设计中，灰色具有柔和，高雅的意象，而且属于中间性格，男女皆能接受，所以灰色也是永远流行的主要颜色，在许多的高科技产品，尤其是和金属材料有关的，几乎都采用灰色来传达高级、科技的形象，使用灰色时，大多利用不同的层次变化组合或配其他色彩，才不会过于素、沉闷，而有呆板，僵硬的感觉。

灰色可联想到：乌云、阴霾、岩石、烟雾、公路、建筑、远山、毛皮等；

灰色积极含义：柔和、高雅、沉着、和平、平衡、连贯、含蓄、耐人寻味等；

灰色消极含义：凄凉、空虚、忧郁、乏味、沉闷等。

这个色彩和心理联想的理论，对设计师来说是个重要的发现。他们在选择运用何种色彩时，须得同时考虑作品面向的是哪一个社群，以免得出反效果。蔡启仁先生举例，紫色在西方宗教世界中，是一种代表尊贵的颜色，大主教身穿的教袍便采用了紫色；但在伊斯兰教国家内，紫色却是一种禁忌的颜色，不能随便乱用。

5. 色彩的印象特征

（1）**冷色相表现。**冷色相的颜色有收缩感，例如蓝色、蓝绿色、蓝紫色等都是典型的冷色相。物体通过表面的冷色相可以给人们寒冷或凉爽的感觉。

（2）**暖色相表现。**暖色相的颜色有膨胀感，例如红色、橙色、黄色等都是典型的暖色相，暖色相给人迫近视线的感觉，容易使人感到温暖。

（3）**刺激感表现。**使用对比色容易引起人的注意，也容易使人兴奋、激动、冲动，另外，红色和橙色是两个给人刺激性很强的色彩，容易使人产生视觉疲劳。

（4）**自然感表现。**自然的表现是指海和山、树木和草原等大自然的配色，使用柔美的纯色，用自然的颜色吸引最真诚的目光。

（5）**高级感色彩。**高级感色彩主要是以色彩的纯度来实现的，部分光泽能增加高档次的效果，这种色彩具有权威的、充满力量的、强烈的、坚信的和实际的感觉。

（6）**优雅感表现。**用暖色系色相来营造女性化色彩，明度差较低，大部分是红色、粉红色和紫色等颜色，这些女性化的色彩给人可爱、亲密、有魅力、柔和及深情的印象。

（7）**活泼感表现。**纯粹的色彩比其他任何一种色彩都更引人注目，个性鲜明，给人以强烈的冲击感。鲜艳跳跃的色彩永远是表达快乐心情最直接的手段。

（8）**俏丽感表现。**粉色和紫色混在一起，有着俏丽的感觉，不像黑色那样诱惑，不像紫色那样缠绵，更不像红色那样艳俗。

（9）**舒适感表现。**将颜色中加入一定的白色使得色彩纯度降低，明度提高，这些颜色具有安静、和平、寂静、温馨和舒适的感觉。

（10）**传统感表现。**黄色介于黑白赤橙之间，是诸多颜色的中央颜色，备受中华民族的推崇。黄色象征皇权，是皇室特用的颜色，皇宫、寺院以黄、红色调为主，王府官宦则以红、青、蓝色调为主。

（11）现代感表现。具有现代感的色相主要是用灰色、白色等无彩或低彩度的色彩来表现，这些无彩或低彩度的色彩给人一种现代气息，能表现出一定的质感。

（12）宗教感表现。中国的宗教色彩对中国的色彩文化影响深远，佛寺多用红色，白墙面上则用黑色窗框、红色木门廊及棕色饰带，红墙面上则主要用白色及棕色饰带。屋顶部分及饰带上重点点缀鎏金装饰，或用镏金屋顶。这些装饰和色彩上的强烈对比有助于突出宗教建筑的重要性。

6. 艺术流派和意象色彩经典作品

康定斯基主张："每一种色彩都有它自己恰当的表现价值，在不画出具体形象的情况下，可能创造出有意义的真实。"色彩通过心灵的启迪和材料的孕育，才能表达事物的本质，同时使情感得以激动。只有经过精心安排和符合艺术家强烈情感的色彩，才是有生命力的色彩。表现主义画家们声明，创作的目的就是"给绘画恢复精神内容""利用形状与色彩来表现内心的和精神上的体验"。

（1）表现主义流派色彩。表现主义，现代重要艺术流派之一，20世纪初流行与德国、法国、奥地利、北欧和俄罗斯等地。1901年法国画家朱利安·奥古斯特·艾尔韦表明自己的绘画有别于印象派而首次使用此词。表现主义，是指艺术中为加强表现艺术家的主观感情和自我感受，而导致对客观形态的夸张、变形乃至怪诞处理的一种思潮。表现主义艺术家以此来发泄内心的苦闷，认为主观是唯一的真实，否定现实世界的客观性，反对艺术的目的性，它是20世纪初期绘画领域中特别流行于北欧诸国的艺术潮流，是社会文化危机和精神混乱的反映，在社会动荡的时代表现尤为突出和强烈。代表人物：蒙克。

蒙克与其代表作：

爱德华·蒙克（1863—1944年），挪威表现主义画家。他的绘画带有强烈的主观性和悲伤压抑的情调。他以心理上的苦闷的、强烈的、呼唤式的处理手法对20世纪初德国表现主义的成长起了主要的影响，这是他生活的时代所造成的。他的功绩在于揭示同时代人隐蔽的心灵，把人们心底里的美与丑、痛苦和欢

乐表现在绘画中。他充分发挥了绘画语言的表现力，促进了西方绘画朝写意、象征的方向发展。他的代表作品有《呐喊》《生命之舞》等，在《生命之舞》这幅作品中，画家以不同心态的人物，形象地反映出人类欲望、成功与绝望的三个生命环节，通过象征性的意象和色彩揭示了生命的过程以及人物内心世界的变化。画面的主题、形式以及象征内涵，在这里协调统一，预示了女性从少女的天真无邪，到成熟期的春风得意，再到逝去青春后的理想破灭的人生之路。

（2）超现实主义流派色彩。超现实主义是在法国开始的，源于达达主义，1920年至1930年盛行于欧洲文学及艺术界的流派，并且对于视觉艺术具有深远的影响力。超现实主义致力于探索人类经验的先验层面，力求图片呵护逻辑与真实的现实观，尝试将现实观念与本能、潜意识与梦的经验相糅合，以展现一种绝对的或超然的真实情景。超现实主义运动以其充满幻想色彩和异国情调的奇特风格，对20世纪美学产生了重要影响。代表人物：卢梭、米罗、达利、恩斯特、马格利特等。

1）米罗与其代表作。

杰昂·米罗（1893—1983年），是20世纪绘画大师，西班牙画家、雕塑家、陶艺家、版画家，超现实主义的代表人物。米罗作品的特点：简略的形状、强调笔触的点法、精心安排的背景环境以及奇思遐想、幽默趣味和清新的感觉。代表作有《荷兰室内景1号》《蓝色之金》等。《荷兰室内景1号》是一幅梦话般的画作，蕴含着异想天开、反复无常及幽默的趣味。再加上扭曲的动物、变形的有机物体和特别的几何构造，使他的作品更显得别具一格。他的画通常是构架与平面的构图加上明亮的色彩（尤其是蓝、红、黄、绿、黑几种颜色），并以锐利的线条、点及花色，完全以不协调的架构成图。

2）吉兰·马格利特与其代表作。

吉兰·马格利特（1898—1967年），比利时超现实主义画家，画风带有明显的符号语言，如《戴黑帽的男人》。他影响了今日许多插画风格。当人们问到关于《戴黑帽的男人》这幅画，为什么要用绿色苹果挡上自己的脸，马格利特是这样说的："我们眼前

图1-52
康定斯基作品

看到的事物，底下通常还隐藏着别的事物，人们对眼前清楚易见的事兴趣不大，反而会想知道被盖住的是什么东西。"

（3）抽象表现主义流派色彩。又称抽象主义或抽象派。抽象主义的美术作品大约于1910年前后产生，他们的作品或热情奔放，或安宁静谧，都是以抽象的形式表达和激起人们的情感。代表人物：康定斯基、蒙德里安、马列维奇等。

1）康定斯基与其代表作。

瓦西里·康定斯基（1866—1944年），俄国抽象艺术家，被誉为"抽象绘画之父"，抒情抽象派代表画家。他认为艺术不应该用固定的物件或形式来反映，而应该是人性最自然的表达。他的著作《论艺术的精神》对非具象艺术进行了阐述，而作品《即兴30号》和《黑线条189号》则为抽象表现主义艺术奠定了基础。代表作有《构成第8号》《构成第10号》等。画作《构成第10号》是画家康定斯基创作于1939年的一幅油画，现存于德国杜塞道夫美术馆。这是康定斯基伟大的"构成"系列的最后之作，也是相当特别的一幅作品，因为画家康定斯基使用了他平时很少用到的黑色当背景，而这一实验使画中的主题有了华丽的璀璨感，缤纷飞舞的小色块，更使它充满了欢乐的幻想气氛。这幅油画的创作于二次大战爆发的同年，其实正能表达出画家康定斯基对残酷无情的战争的一种反讽（图1-52）。

2）蒙德里安与其代表作。

彼埃·蒙德里安（1872—1944年），荷兰人，风格派运动幕后艺术家和非具象绘画的创始人之一，他以几何图形为绘画的基本元素对后代的建筑、设计等影响很大。蒙德里安认为艺术应从根本上脱离自然的外在形式，以表现抽象精神为目的，追求人与神统一的绝对境界，亦即今日我们所熟知的"纯粹印象"。在1915年之后的作品中，他画出一种横、直线的节奏，预示着即将出现的新造型主义和纯粹型派，从内心的深刻感与洞察力中去创造普遍的现象秩序与均衡之美。代表作品有：《红、黄、蓝的构成》《百老汇爵士乐》等。

这幅作于1930年的《红、黄、蓝的构成》是蒙德里安几何抽象风格的代表作之一。粗重的黑色线条控制着七个大小不同的矩形，形成非常简洁的结构。画面主体是右上方那块鲜亮的红色，不仅面积巨大，且色度极为饱和。左下方的一小块蓝色、右下方的一点点黄色与四块灰白色有效配合，牢牢控制住红色正方形在画面上的平衡。作者通过巧妙地分割与组合，使平面抽象成为一个有节奏、有动感的画面，从而实现了他的几何抽象原则（图1-53）。

图1-53
蒙德里安作品

CHAPTER

02

第二章

设计色彩的
创意表现

西方绘画从古典主义到印象主义，再到近代的各种艺术流派，实际上是人类对色彩运用不断钻研和探索的过程。在这个过程中，艺术家们完成了从重视明暗手法、光色变幻向强调内心真实的主观状态的过渡，这是一种对色彩的再认识过程。尤其在设计色彩表现上，不再固守于只对外在自然的表现，而更强调对形与色的解构与重组、整合与协调，在融入艺术家个人的主观意念后，来构成新的色彩形式。

在设计创作中，无论多么悦目的色彩总是伴随着一定的形状出现的，色离不开形，形与色是一个不可分割的整体。形状相同而色彩不同，或者色彩相同而形不同，给人的感受则是大相径庭的。也就是说，色彩只是一种装饰的外表，它必须与一定的形状结合才能形成经得起观摩注视的美的对象。设计色彩强调自身价值，强调色调中各种色相、明度、纯度之间的对比调和规律，强调画面的构成及结构，设计作品中的色彩表现充满了具有装饰意味的形式美感，强调设计

色彩的形式美感才能凸显设计作品之个性，个性化的设计才能达到至高至纯的艺术境界（图2-1）。

在设计概念的基本定位中，由设计主题概念所决定的形与色，必须具有相辅相成的一致性。形与色作为一种符号，是传达设计主题的载体。从设计主题的完整意义上讲，只通过形或只通过色或形与色在传达概念上的不一致，都会造成设计信息传播和观赏心理上的矛盾，而完不成设计信息传达的任务（图2-2）。

同样的形在不同的艺术空间环境中出现，或者不同的人在理解方面所存在的差异，决定了形可以有多方面的意义，因而，形的概念是多元的。作为具体的形，其外部轮廓可以是规则的方形、圆形、三角形、梯形等，也可以是无规则的自由形状。它可以以正形的形式出现，也可以以负形的形式出现；可以是清晰完美的形，也可以是虚幻朦胧的形。不同状态的形所形成的心理感受是不一样的，例如，正方形稳重有力度，圆形灵活而有动感。所以说，对形的理解，既可

图2-1
设计色彩的形式美感

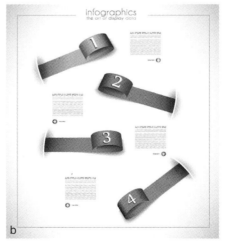

图2-2
色与形

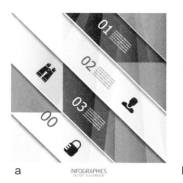

图2-3
图形语言与色彩含义一致

以从概念上理解，也可以从外观状态方面理解，更可以从内涵性格方面理解。这样有助于我们在进行具体设计时，恰到好处地把握形与色的关系。如对化妆品来讲，不论是广告还是产品包装，形与色的完美组合所形成的意念必须具有美好、时尚、品位等特征。对食品类的广告和包装来讲，所传达的信息必须是新鲜、洁净、健康的概念；儿童用品的广告和包装则必须具有天真烂漫、活泼向上的朝气。因而，图形的语言与色彩的含义应该一致，其意义的传达必须指向同一个方向。再如，广告画面主要形象的色彩与画面的主调有着很大关系，对色彩的搭配而言，主要形象应更具有纯度高、对比强烈，具有前进性的感觉，努力使消费者第一眼就能清楚地看到它。而次要色彩则要保持协助的关系，色彩关系上不应当超越主要形象，以免造成画面的多中心，而分散观者的注意力，形成盲目杂乱之感。设计者要胸怀大志，让局部服从全局，有条理、有意识地引导观者的视线，制作一张成功的广告作品（图2-3）。

色彩不但是设计的要素，而且也是生产的收货标准，即使客户勉强收下一份色彩不满意的印品，下次可能就不再光顾了。很多公司就是因为色彩品质方面的问题，而流失重要的客户。可见，掌握色彩呈现的规律，控制色彩品质，是生产制作必须精通的技术。单单拥有先进的器材而没有良好的技术配合，在剧烈的行业竞争下，免不了遭淘汰的命运。

因此，掌握色彩的规律，合理地运用色彩的创意表现方法，对于整个设计作品来说是非常重要的。

在本章节中，主要阐述设计色彩的创意表现，具体从色彩的错视、色彩的调性、色彩的归纳、色彩的局部框选、色彩的分解组合、色彩的提取整合、色彩的互换七个方面进行讲述。

第一节

设计色彩的形状采集

一、色彩的错视

（一）色彩错视的概念

无论是在日常生活中，还是在欣赏某一幅设计作品或者是绘画作品时，人们常常会对色彩进行错误的判断和识别，其实色彩错视并非客观存在，它是在具有比较对象的前提下产生的，是大脑皮层对外界刺激物的分析所造成的错误判断，这个比较对象可能是环境四周，也可能掺杂其间，或者是主题互相重叠，否则单独存在是不会产生色彩错视现象的。这主要是由人的眼睛的生理构造与机能所引起的。色彩视错的产生除以生理特征为前提条件外，还与物理因素、心理作用密切关联，并且各具特点。大体上，色彩视错主要包括物理性视错与心理性视错。

研究色彩的错视现象有利于我们在色彩设计时可以避免错视现象的发生，同时也可以充分利用各种错视效应进行巧妙而别出心裁的设计。

（二）色彩错视的起因

1. 生理原因

视错觉现象的产生从生理角度可以解释为由人眼对事物的感受、视觉神经的作用引起。视觉上的长短、高低、大小等错觉都是人类生理方面的一种功能和需求。有研究已经表明它应该与人眼、大脑、视神经的构造、视觉形成的生理过程等因素有关。据日本东北大学本川弘一氏的研究，这种线段错觉主要是由于光刺激视网膜形成一种网膜电流所产生的。

对于生理上没有残疾的人而言，认识世界最主要的感官途径莫过于视觉了。形成视觉的生理过程包括两个阶段：一是光从物体反射或发射进入人的眼睛，经过眼睛的各个结构最终在视网膜上"成像"；二是视神经将此影像传入大脑后，大脑对此影像进行判断和解读。在这一过程中涉及的人体生理器官是人眼和大脑。

人眼的构造包括角膜（作用是降低进入眼睛的光速并使其发生折射）、虹膜和瞳孔（作用是控制进入视网膜的光线强弱并进行调焦）、晶状体（作用是通过变形调整光的折弯程度使像落在视网膜上，使眼睛能自由地在近景与远景间切换）、玻璃体（作用是填满晶状体到视网膜之间的整个空间，使眼睛保持一定的形状和压力）、视网膜（作用是将光能转变成一种神经信号，再由脑神经传入脑中，最后形成视觉）。

当光照射到物体上，就和物体发生关系，带有被照射物信息的光反射进眼睛，在经过角膜、晶状体的折射后携带物体信息落在视网膜上，视觉的新历程由此开始。视网膜上的光敏感细胞将光能转化为某种信号，再传入脑中。对这一原理和过程的发现，物理学家、生物学家、心理学家们开展了大量的研究。

科学家发现在视锥细胞中共有三种色素：对红光敏感的色素、对蓝光敏感的色素、对绿光敏感的色素，这些色素使人产生色彩视觉。

（1）视觉适应。眼睛正常的人都具有一定的适应客观环境变化的能力，这种特殊的功能叫作视觉适应。色彩的视觉适应包括明暗适应、远近适应和颜色适应。人们由明处走近暗处，就会暂时性地看不清任何物象，经过一段时间后，视觉开始恢复，这就是暗适应；反之，从暗处走到亮处，也会在耀眼的光线下看不清物象，稍停片刻，视觉照常恢复，这就是明适应。眼睛有一种能够变焦的能力，在一定的视觉范围内，不同距离的物象通过眼睛的自动调焦作用都能看得比较清晰，这就是远近适应。当鲜艳的色彩呈现在我们眼前时，最初感觉十分明显，但时间稍长，就会感觉色彩的鲜艳度开始减弱，直至感觉越来越淡，这种现象叫作颜色适应。当你进入一个灯光较强的室内空间时，最初室内所有的物象都带有光源色彩的味道，经一段时间后，所有物象的颜色才恢复或近似原来的颜色。

（2）视觉后像。所有的视觉现象并非客观存在的，大脑皮层对外界刺激物分析综合有时会发生困难，当前知觉与过去经验发生矛盾时，就会发生色彩的错视现象。视觉后像就是发生在视觉刺激已经消失后而出现的视觉感知，视觉后像是眼睛连续视觉后产生的，实际上是由于神经兴奋留下的痕迹所致。视觉后像分为正后像和负后像。正后像是神经正在兴奋而尚未结束时引起的，当眼睛受某一种色光刺激，然后闭上眼睛，那么就会在暗的背景中出现刚才那种色光的形象，这是正后像在起作用。当我们长时间注视一种高纯度色彩后，再将视线投射到非彩色区，那么在非彩色区所形成的幻象正是我们刚才所注视的色彩的补色，这是负后像在起作用。

（3）色彩的恒定性。色彩的恒定性是指人的大脑中的过去经验对各种事物形成的特定色彩印象。偏振光摄影术的发明者E. H. 兰德提出，人的大脑中的高级结构能够直接读取所熟悉的物体的色彩，而照相机在光线作用下可以形成的带有明显色光痕迹色彩的组合色调，这与人的色彩视觉效果正好区别开来。人的眼睛对同一物象的色彩影响始终保持着它在正常日光下的形象，人的大脑对同一物象在不同亮度条件下主观地保持了它的持续性。一旦某种物象的色彩被认可，不管客观环境如何变化，相应的色彩知觉都将是稳定不变的。对红花绿叶来讲，强烈阳光下的花是红色的，而夕阳西下时花朵仍然是红色，花的周围不论有多少绿叶，绝对不会改变花的红色。

2. 心理原因

产生色彩视错觉的心理原因可以概括为人类的视

觉经验和格式塔理论中的知觉论两大因素的共同作用。视觉经验是指人对与视觉形象的造型上的记忆和概念上的记忆。这种记忆帮助人们在面对相似的视觉形象时可以做出合理的推测，并用视觉经验来检验这种推测。格式塔心理学的知觉理论是指"知觉是有组织、结构和内在意识的一个整体，当人看到某事物时，无须对组成这一事物的各个部分进行分别分析然后再组合成整体的判断，而是能够直接整体把握事物的直觉结构。"

首先，人类的视觉经验会造成不同程度的心理暗示，从而使人类通过心理上的超前预测将自己熟悉的视觉印象应用到所有类似的图像中。当这种超前预测的视觉印象与真实图像不符时，就会产生视错觉。贡布里希在《艺术与错觉》中就从人的知识经验作用于心理感受方面出发，归纳并提出了"等等原则"，也就是"我们愿意采用一种假设，看到一个系列中的几个成员就看到了全体成员"。此外，与人类视觉经验造成视错觉有关的学说还有"移情说"。该学说在美国心理学家吴伟士的概念基础上最早由西奥德·李普斯所提出。

观察者把自己认同于图形的某个部分，并把感情投射到上面，因此引起视觉变形。如缪勒·莱耶错觉：两支箭的箭杆长度相同，但箭头一个朝外一个朝内，看起来箭头朝外的箭要比箭头朝内的长得多。原因是向外的箭头标志着情绪上体验到的扩张，因此看起来长。又如色彩的冷暖错觉：这个错觉必须建立在人对于冷暖的感知经验上。试想，一个从未经历过寒冷，不知"冷"为何物的人看到蓝色时，头脑中自然不会产生"冷"的印象。

其次，"完形倾向"是德国格式塔心理学知觉论和同型论的核心。当图形表现了某个特征但又表现得不够完整时，"完形的倾向"会造成错觉产生，这种倾向通过缩小似乎有联系的各特征间的距离从而产生错觉。

以下是格式塔学派的学者提出的一些视知觉组织原则，从中不难看出造成视错觉的心理暗示。

（1）图底原则。指视觉式样中所呈现的"图形"和"基底"之间的关系，即当人看事物时，一部分成为知觉对象，其余成为背景。知觉对象轮廓鲜明，离观看者较近，后者则模糊而较远。两者可以相互转化。图底关系是一种组织关系，在不同的组织因素中，图形能够从背景中显现出来，图形与背景各自分离，而形成整体的视觉样式。

（2）邻近原则。指图形在空间上比较接近的部分易被看作一个整体。当边缘线条越接近，人眼就越容易将他们看成一个整体。

（3）相似原则。当我们看到相似的形状、尺寸、色彩、空间位置、角度或明暗的时候我们的视觉会自然而然地将它们组合在一起。在一组相似形中，我们会更关注与众不同的部分。

（4）连续原则。按顺序组成的图形中，如加入新的成分，易被看作原来图形的延续。人的眼睛会追随一条直线或者曲线做视觉运动，当视点被一个图形平稳地引导进入另一个图形的时候，视觉愉悦感便油然而生。

（5）闭合原则。人们通常容易接受一个常见的图形以一个完整的形态出现。因此在获得了常见图形的提示之后，眼睛会主动补全不完整的线条，即便这个线条不存在于纸面上，但也存在于人的视觉经验中。需要注意的是，只有当图形的暗示充分时，才能获得确切的闭合图形。

（6）完美原则。杂乱的图形，易被从对称、简单、稳定和有意义的方面看作更完美的图形。

（三）色彩错视的类型

根据色彩视错觉的定义和产生原因，色彩视错觉可以分为色彩的生理错觉和色彩的心理错觉两大类型：

（1）色彩的生理错觉主要是由生理因素形成的色彩视错觉，包括色彩的对比错觉和色彩的疲劳错觉。

（2）色彩的心理错觉主要是由心理因素形成的色彩视错觉，包括色彩的温度错觉、色彩的面积错觉、色彩的重量错觉、色彩的感官错觉、色彩的距离错觉、色彩的印象错觉、色彩的象征错觉。

色彩心理是人对客观世界的主观反映，人对于各种不同色调、不同形式的色彩会产生不同的心理变化。人们不但有共同的色彩心理，而且还由于种种原因而产生不同的个性感受。当某一种色彩或色调出现时，就会通过人的形象思维而产生联想或情感上的共鸣，并通过移情的作用形成联想效应；而色彩的象征功能是色彩联想的延伸，人们共同的色彩联想经过长期的感情沉积形成一些约定俗成的习惯、形成对色彩的应用法则，使色彩表现逐渐形成一种心理记号，从而奠定各种色彩的象征性地位。另外，一个时期的色彩审美心理要受社会心理的影响，所谓流行色就是人类社会心理的一种产物。

（四）色彩错视的特性

1. 色彩视错觉与色彩效果互相作用

首先，如果色彩使用不当，便会产生的色彩视错觉，从而造成视觉传达的障碍，包括视觉信息的模糊、不准确。而经过色彩正确搭配产生的色彩，视错觉则会加强视觉传达的准确性。

其次，色彩视错觉过多使用不利于色彩效果的展示，容易造成视觉疲劳。而色彩视错觉的适当应用则会带来视觉愉悦和视觉兴奋点。

视觉疲劳在生理与心理领域有不同的解释。从生理上而言，眼睛受到某种强烈或持久的刺激而导致视觉感受器的反应能力下降，产生视觉疲劳。如看强烈鲜艳的色彩时间过长就会使眼睛对色彩的感受能力下降，产生疲劳的感觉。或是长时间在光线不足的环境中工作学习，使眼睛高度紧张而视觉能力下降，视力模糊。视觉生理疲劳会导致人视觉水平下降，能力减弱，会带来很大危险与不便。

从心理学的角度而言，视觉疲劳则是指一种心理上的疲劳。由于某种视觉信息反复对人进行刺激导致心理刺激阈值下降而产生的疲劳感。如一件新衣服在最初看到时，会让人产生视觉愉悦的感觉，但随着时间推移，人对其习以为常，最初的感觉也不复存在。因此造成视觉疲劳的原因就是过度的单一刺激，而要消除视觉疲劳的最好方法就是恢复视觉在生理与心理上的新鲜度。对于前者，适当的休息与正确用眼习惯就可以避免疲劳感；而视觉心理疲劳的恢复需要主体有机会接受日常不常接触的视觉刺激，如城市人到大

自然中欣赏风光感觉新鲜、消除疲劳。

2. 色彩视错觉与无彩色互相影响

一般概念里，黑、白、金、银、灰都属于无彩色，本身没有色彩和冷暖倾向，只有明度差别而没有纯度差别。而色彩是指有色色彩体系，是多色的表现。也是指凡是带有某一种准标色倾向的色（也就是带有冷暖倾向的色）。但是，作为视觉传达语言的黑白，则泛指单色，是一种以明度关系为主动形式表达的单纯艺术语言。色指的是色彩的层次，如中国画的"墨分五色"——焦重浓淡轻，指的是黑白关系。彩，指很多种颜色。

无彩色是很好的中性色和调和色，可以加强或减弱色彩视错觉。同时，无彩色本身也能制造出色彩视错觉。

无彩色能加强色彩视错觉：当无彩色作为背景出现时，其他色彩不会受到很大的干扰，能够更好地衬托出色彩视错觉的效果。

无彩色能减弱色彩视错觉：当无彩色出现在两个并置色彩的中间时，这两个原本处于强烈对比中的色彩就会被隔开。此时，由对比产生的色彩视错觉就会减弱。

无彩色也能制造色彩视错觉：在绘画和设计中，无彩色有时可以超越其自身的客观属性，给观看者无穷的色彩联想，在心理上达到色彩视错觉的效果。其中，最经典的例子就是中国的水墨画。中国的水墨画崇尚"水墨为上"。"随类"法则规范了所赋之色都含有某种假定成分，类相的色彩表达概括所有色彩之色，必然的结果是一切自相的复合，最后便归为黑与白，即水与墨。这种赋彩本身的假定性，便允许作为基本色的墨色产生一个内涵更为丰富的大假设：黑色，实际上是自然物象色彩与色彩的心理感受的最全面的映现，它不是任何具体的色，但又无色不包。相传苏东坡曾反问那些见了朱砂画竹而惊讶不已的人：世上确实没有红竹，但难道就有墨竹么？这说明竹之墨不过是人们假定并以普遍认可并习以为常的色彩，特殊的墨。其地位与作用是玄妙而神奇的。而中国卷轴画的用色则先从简单到复杂，又从绚丽趋清淡，以致后来用"墨分五色"来替代"随类赋彩"，色彩被

放在次要的从属地位。中国水墨画的最高境界之一就是让观看者从最为简练的墨色中仿佛看到色彩斑斓的大千世界。因此，黑色在中国色彩中实质上不是"无色"，通过"墨分五色"的明度变化，就可以"貌色"，即用墨色的浓淡层次达到"调拟"，求尽色彩的效果。唐代画家张彦远在《历代名画记中》说过："夫阴阳陶蒸，万象错布，玄化无合，神工独运。草木敷荣，不待丹绿而彩。云雪飘扬，不待铅粉而白。山不待空青而翠，凤不待五色而淬。是故运墨而五色具，谓之得意。意在五色，则物象乘矣。"黑白之间产生的变化衍化出了丰富多样的色调，从"调似"中达到了对色彩的抽象。石涛也说过："黑团团里黑团团，黑墨团中天地宽。"中国水墨画与西方明暗素描是有着极大区别的。前者是无限时空与审美追求最大限度地进行复合的色彩艺术表现，而后者只是作为固定时空中个别物象的明暗关系的自相写实。

又如人们在观看黑白电视时，可以由简单的黑白和不同层次的灰色感受到被摄物体的本来色彩。

3. 色彩视错觉的存在环境

色彩视错觉存在于光色和颜色中。

（1）光色。光色就是光源本身的色彩。不同的光源有不同的色彩。在摄影中，色温是表达光源颜色的一种客观度量标准（单位是 K）。5000~5500K 色温的光源呈现为白色（如日光），较低色温的光源呈现轻微黄色或红色（如白炽灯光），较高色温的光源呈现轻微的蓝色。光色的三原色是红绿蓝。将这三种光色作适当比例的混合，大体上可以得到其他各种光色。这种色彩的混合方式称为加色混合——也称色光混合，即将不同光源的辐射光投射到一起，组合出的新色光。光色混合的特点是把所混合的各种色的明度相加，混合的成分越多，混色的明度就越高（色相变弱）。在电视机中看到的各种色彩就是光色混合的结果。当不同色相的两色光相混成白色光时，相混的双方互称为互补色光。有彩色光可以被无彩色光冲淡并变亮。光色通常用于舞台照明和摄影。

（2）颜色。颜料等染色剂能使物体的色彩变得丰富起来。其实，人眼看到的这些颜色和光色有着本质的区别。颜料能吸收不同的光色，人眼看到的

色彩是它们无法吸收而反射出的光色。例如，绿色颜料就能吸收绿色以外的其他光色，反射出绿色光就被人的眼睛所接收。颜色的三原色是红、黄、蓝。将这三种颜色作适当比例的混合可以得到很多色彩。这种色彩的混合方式称为减色混合，通常指物质的、吸收性色彩的混合。这种混合方式的特点是混合后的色彩在明度、纯度上较之最初的任何一色都有所下降，混合的成分越多，混色就越暗越浊。当两种色彩混合产生出灰色时，这两种色彩互为补色关系。颜料、染料、涂料的混合都属减色混合。颜色通常用于绘画和设计中。

（五）色彩对比的错视

任何色彩都处于色彩对比中，而色彩的错视现象是伴随着色彩对比而存在的，色彩对比越强，错视效果就越明显。

1. 明度对比错视

因对比而使明度变高或变低的现象就是明度对比错视。如：将相同的灰色放在深色背景上时，会显得浅，而放在浅色背景上时就会显得深。另外，将明度不同的色块并置，人们会感到与明度较高的色彩相连的边缘部分较为深暗，而与明度较低的色彩相连的边缘部分较为明亮，这就是边缘错视（图2-4）。

图2-4
明度对比错视（学生张嘉毓作品）

2．纯度对比错视

将橙色放到高纯度的红色背景上时，会感到纯度较低，而把背景改为低纯度时，该橙色就会显得非常鲜艳，这种因对比而使纯度变得较高或较低的现象就是纯度对比错视。

3．色相对比错视

色相对比错视主要是由心理的补色引起的。当我们的眼睛较长时间注视某种色彩时，视神经会因刺激而感到疲劳，视神经为了消除疲劳就会自动诱导出与其相对比的颜色来，这就是所谓的心理补色，如：当我们注视红底上的橙色时，会感觉橙色有绿色倾向，因而偏黄；而当我们注视荒地上的橙色时，又会感觉橙色有紫色倾向，因而偏红（图2-5）。

（六）色彩空间的错视

色彩产生空间错视的原因与色光的波长以及眼睛的构造有关。一般来说，明度高、纯度高的暖色为前进色；明度低、纯度低的冷色为后退色。前进色看起来的感觉比实际要大，又被称为膨胀色，而后退色看起来的感觉比实际要小，又被称为收缩色。在熟悉了色彩前进与后退的错视特性后，在进行室内设计时，就可以通过恰当地选配色彩来获得理想的修身效果（图2-6）。

（七）色彩同化的错视

当一种色彩被另一种色彩所包围并倾向于相同的色感时，色彩的同化现象就发生了。同化现象发生时，色彩与色彩之间非但没有发生明显的对比，而且会在主导色的诱导下趋向一致。色彩的同化现象与色彩的明度有着密切的关系，与视觉距离、色彩面积的大小和分布情况也有关，空间混合也是一种色彩的同化效果。

（八）色彩融合的错视

色彩对比使色彩效果变得更为丰富，色彩同化却使多种颜色的配色看起来更为一致，而色彩融合是指虽然只用了两种或三种颜色，但画面看起来却像是由很多种颜色组合而成的配色效果。如蓝色和紫色相互融合后产生了多种不同的紫色。色彩融合是由面积比例的关系以及中性混合的原理造成的，需要色彩与造型的共同配合才能产生。

二、色彩的调性

调性是指画面总的色彩倾向。它包括明度、色相和纯度的因素总和，不是简单地再现某个色相的色彩，是大的色彩效果。在大自然中，我们经常见到这

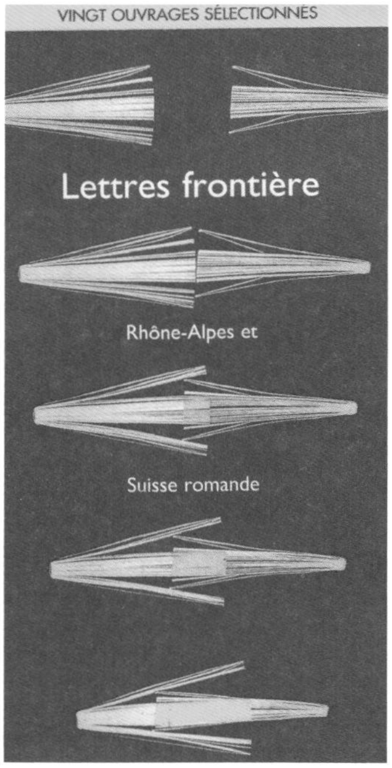

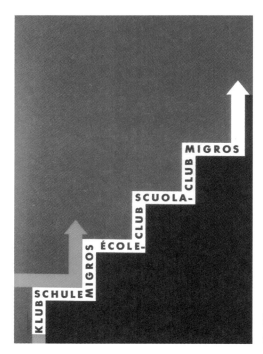

图2-5
色相对比错视

图2-6
色彩空间的错视

样一种现象：不同颜色的物体或被笼罩在一片金色的阳光之中，或被笼罩在一片轻纱薄雾似的、淡蓝色的月色之中；或被秋天迷人的金黄色所笼罩；或被统一在冬季银白色的世界之中。这种在不同颜色的物体上，笼罩着某一种色彩，使不同颜色的物体都带有同一色彩倾向，这样的色彩现象就是色彩的调性。色彩的调性是指物体反射的光线中以哪种波长占优势来决定的，不同波长产生不同颜色的感觉，调性是颜色的重要特征，它决定了颜色本质的根本特征。

调性包括三个调子：以明度调子、色相调子、纯度调子为主的配色，因此，从某种意义上来说，调性就是指色彩三属性的综合对比与调和。孟塞尔认为："色彩的美在于色彩之间的匀称关系，被定量的秩序关系，才是调和的基础。"因此，任何一件设计作品，或多或少地都会存在着色彩的对比和调和的问题。若色彩过于和谐统一，容易使画面产生单调感；若过多地追求色彩的变化，画面将会变得不协调。无论画面是哪一种形式，都需要在对比中求和谐，在和谐中求对比。

色调决定整个色彩的氛围，色调的多样性是色彩设计应用的一个重要环节。没有色调的色彩则平淡无味，只顾色彩拼凑就会使色调被冲淡而遭受破坏。一定要有统一明确的色调追求，整合色彩整体，方能使人在观赏的过程中唤起美感的联想。

然而，色彩的和谐是指整幅画面上色彩配合的统一、协调、悦目。人们由于民族，风俗，宗教，文化等差异，对色彩和谐的判断也会存在差异。要实现色彩的和谐，色调的控制是关键。这是由色彩的基本性质所决定的，色彩性质是由色相、纯度、明度三方面构成的，最突出的是明暗的对比和色相的对比关系。因此，色相、纯度、明度的对比关系，是构成色调统一与调和的基本因素。

（一）设计色彩的对比

色彩的对比：指两个以上的色彩，在同一时间和空间内相互比较时，在给人的视觉效果上显示出明显的差别，并产生比较作用（图2-7）。

单个色彩无所谓对比，色彩对比是相对的，灰色与白色比显得暗，与黑色比就显得浅；有了对比，才能更好地寻找色彩差异性，突显和强化各自的个性，使各自的特点尽情发挥。当然，对比应该发生在同一时间、同种属性的关系中，如果拿明度与纯度比，纯度与色相比就如同关公战秦琼，不但说不清，也没有任何意义。

色彩的对比关系在自然中是客观存在的，任何色彩在运用中都不是孤立单独存在的，它们在面积、形状、位置以及色相、明度、纯度等心理刺激的差别构成了色彩之间的对比。这种差别越大，对比效果也就越显著，反之则对比缓和。因此，色彩对比是指两个或两个以上的色彩放在一起时由于相互影响而表现出差别的现象。色彩对比有两种情形：一种是同时看到两种色彩所产生的对比现象，叫同时对比；另一种是先看了某种色彩，然后再看另外的色彩时产生的现象，叫作连续对比。

从一定意义上讲，色彩配合都有一定的对比关系，因为各种色彩在构图时并不是孤立出现的，色彩对比的强弱直接影响着人民对色彩生理及心理上的感知。色彩对比既是色彩处理的基本方法，也是色彩审美判断的基本条件。

总之，设计色彩的对比非常重要的，是研究色彩的三要素之间的矛盾对比及其之间的相互关系，是在

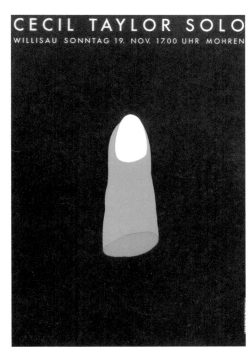

图2-7
设计色彩对比

感性基础上对色彩视觉规律的理性认识。

1. 色相对比

色相对比是基于色相差别形成的对比。是一种相对比较简单的对比，是未经调和的色彩组合。是不同颜色的对比，可以是原色与原色对比，间色与间色对比，或者是一种原色与间色对比。两色并置时会提高某一种色相自身的特点，如红与绿并列使红色更为鲜艳，绿色更显得青翠，加强了色彩的明亮效果。而黄与紫、蓝与橙的对比，可使两色互相增加光度和发挥色彩本身特有的强烈效果。色相对比的强弱可以由色相环上的距离来表示，在24色相环上任选一色，与此色相邻之色邻接色；与此色相间隔2~3色为类似色，与此色相间隔4~7色为中差色，与此色相间隔8~10色为对比色，与此色相间隔11~12色为补色。同种色、邻接色、类似色为色相弱对比，中差色为色相中对比，对比色为色相强对比，互补色为色相最强对比 (图2-8)。

（1）**同一色相对比。**同一色是同一色相稍带不同明度、纯度之间的各色对比关系。如浅红、红、深红，再如粉绿、草绿、翠绿、橄榄绿、深绿及各种绿灰色等。同一色极易调和，但因为色相间缺乏差异，容易产生单调感。

（2）**邻接色相对比。**邻接色是在色环上紧挨着的色相对比，色相差很小，色彩对比比较微弱。如红与黄光红、黄光绿与绿等，虽色相不同，但相似于同一色相的配合。因此必须借助明度、纯度对比的变化来弥补色相感之不足，这样效果才会有和谐、柔和、优雅之感。

（3）**类似色相对比。**类似色相对比是24色相环上间隔60°左右的色相对比，比邻接色相对比较明显。如红与橙、橙与黄、黄与绿、绿与青、青与紫、紫与红等。类似色相都含有共同的色素，它既保持了邻接色的单纯、统一、柔和、主色相明确的特点，同时又具有含蓄耐看等特点，但明度、纯度运用不当会产生单调之感。为了改变色相对比不足之弊病，一般需运用小面积的对比色或比较鲜艳的色作点缀，以增加色彩生气。"万绿丛中一点红"便是古今中最好的配色方法，在万绿中点缀一点红，说明色彩的整体对比关系和面积大小对比关系是至关重要的。

（4）**中差色相对比。**中差色相对比是在24色相环间隔60°~120°的色相对比，如黄与红、红与蓝、蓝与绿等，它介于类似色相和对比色之间，色相差别较准确，色的对比效果比较明快，是色彩设计中常用的配色。

（5）**对比色相对比。**对比色相对比是指在24色相环间隔120°~60°的色相对比。如红与黄绿、红与蓝绿、橙与紫、黄与蓝色组形成的对比，对比色相对比的色感要比类似色相鲜明强烈，具有饱满、华丽、欢乐、活跃，使人兴奋和激动等特点。

（6）**互补色相对比。**互补色相对比是指色相环上间隔180度左右的色相对比，是色相中最为强烈的对比，一对互补色相放在一起，可以使对方的色彩更加鲜明，互补色相的对比具有强烈的视觉冲击力，但运用不当容易产生生硬的消极作用。因此，可以借助调整色彩的明度，纯度，达到色彩的和谐统一。如红与蓝绿、黄与蓝紫、绿与红紫、蓝与橙等色组，互补色相在一起相互配合，能使色彩对比最大的鲜明程度，并强烈地刺激感官，从而引起人们视觉的足够重视和达到生理上的满足。因此中国传统配色中有"红间

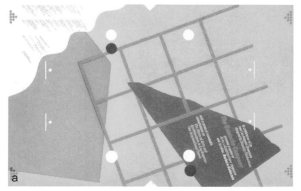

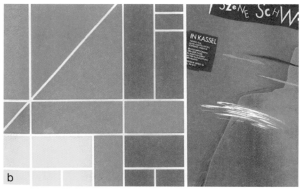

图2-8
色相对比

绿、花簇簇""红配绿，一块玉"的说法。瑞士色彩学家伊顿在《色彩艺术》中进一步阐述："互补的规则是色彩和谐布局的基础。因为遵守这种规则会在视觉中建立起一种精神的平衡。"

互补色相对比有着强烈、鲜明、充实等特点，但是运用不当容易产生杂乱、刺激、粗俗、生硬等缺点，在进行色彩绘画与设计时，适当地借用补色对比会使画面效果得到改善。在我国的民间美术、建筑彩画、刺绣图案等都大量地运用相对对比。

2. 明度对比

明度对比是指色彩的明与暗、深与浅、浓与淡的对比。红、白、黄、粉红等是浅的颜色，这叫作明色。棕、浅棕、蓝、绿、赭、深灰、黑这叫作暗色。明色因为反光强，所以目标就明显，在化妆上是用它们表现突出部分的，因为明色有突起的感觉及膨胀的感觉。暗色反光弱，所以看起来没有明色目标明显，而暗色可产生凹陷、收缩的感觉。化妆时利用光与色彩的明暗对比，会使明者更亮，暗者更黑，立体化妆（光影化妆）就是建立在明度对比的基础上，利用色彩的明暗对比，可使同一个人显得丰满或消瘦，产生出凸颧、隆鼻或眼眶凹陷、下颌减削等不同效果（图2-9）。

在色彩的三属性中，明度的对比较其他的对比更具有体积感、力量感。色彩的层次与空间关系主要靠色彩的明度对比来表现，色彩之间明度差别的大小决定着明度对比的强弱，明度差别越大，对比越强，视觉效果越强，反之则弱。据日本大智浩估计，色彩对

比的力量要比纯度对比大三位。色彩的明度对比在色彩设计中起着重要的作用。

色彩明度关系有着两个方面的含义：一是色彩自身的明暗关系（不加黑、白色）；二是色彩混入黑、白色后所产生的明暗关系。 我们这里讲的明度对比，是根据第二种含义而言，也就是将色彩混入黑、白色后所产生的明暗现象如何进行组合、搭配使之产生不同的视觉效果。

我们用黑色和白色按等差比例相混，建立一个含9个等级的明度色标，根据明度色标可以划分为3个明度基调。

①低明基调：由1～3级的暗色组成的基调。具有沉静、厚重、迟钝、忧郁的感觉。

②中明基调：由4～6级的中明色组成的基调。具有柔和、甜美、稳定的感觉。

③高明基调：由7～9级的亮色组合的基调。具有幽雅、明亮、寒冷、软弱的感觉。

明度对比的强弱决定于色彩明度差别的大小。

①明度弱对比：相差3级以内的对比，又称短调。具有含蓄、模糊的特点。

②明度中对比：相差4～5级的对比，又称中调。具有明确、爽快的特点。

③明度强对比：相差6级以上的对比，又称长调。具有强烈、刺激的特点。

运用低、中、高基调和短调、中调、长调等六个因素可以组合成许许多多明度对比的调子。做明度对比九调练习时，须注意用色的面积对比一定要悬殊，

图2-9
明度对比

主色和陪衬色一定要构成大面积，甚至是95%以上，这样才不会让点缀色把调子拉偏，让点缀色破坏了基本色调。

在色彩应用中，明度对比的正确与否，是决定配色的光感、明快感、清晰感以及心理作用的关键。因此，在配色练习中，既要重视黑、白、灰的训练和非彩色的明度对比的研究，更要重视观察，学会研究它与其他色彩的关系，色与色之间的对比效果、统一效果、平衡效果等。也就是从整体画面的效果出发，而不是从一种色相的面貌来考虑。

3. 纯度对比

纯度对比是由纯度差引起的对比，是指较鲜艳的色与模糊的浊色的对比（图2-10）。

我们将一个纯色与同亮度的无彩色灰按等差比相混合，建立一个含9个等级的纯度色标，根据此色标可以划分为三个纯度基调。

（1）低纯度基调。由1～3级的低纯度色组成的基调。低纯度色易产生脏、悲观、无力、消极、陈旧、平淡的感觉。构成时可适量加入点缀色，以提高画面效果。

（2）中纯度基调。由4～6级的中纯度色组成的基调。可少量运用高纯色或低纯色进行配合。

（3）高纯度基调。由7～9级的纯度较高的色组成的基调。具有强烈、鲜明、色相感强的特点。如处

理不当，也会产生恐怖、嘈杂、低俗、生硬等弊病，因此可少量调入黑、白、灰配合。

纯度对比的强弱决定于纯度差别跨度的色调相似，我们按色阶分为纯度弱对比、纯度中对比、纯度强对比。

（1）纯度弱对比。是指纯度差间隔3级以内的对比，该对比易调和，但缺少变化，具有色感弱、朴素、统一、含蓄的特点，易出现模糊、灰、脏的感觉。构成时注意借助色相和明度的对比。

（2）纯中度对比。是指纯度差间隔4～5级的对比。纯度中对比具有温和、稳重、沉静、文雅等特点。但容易缺乏生气，在构成时通过明度变化，并在大面积的中纯度色调中，适当配以一两个具有纯度差的色，使画面的效果生动。

（3）纯度强对比。是指纯度差间隔5级以上的对比。是低纯度色与高纯度色的配合，其中以纯色与无彩色黑、白、灰的对比最为强烈。纯度强对比具有色感强、明确、刺激、生动、华丽的特点，有较强的表现力度。但在具体的运用中，仍要注意避免生硬、杂乱的毛病。

每种色彩可以用4种方法降低其纯度：

（1）加白。纯色混合白色，可以减低纯度，提高明度，同时色性偏冷。曙红加白成带蓝味的浅红，黄加白变冷的浅黄，各种色混合白色以后都会产生色性

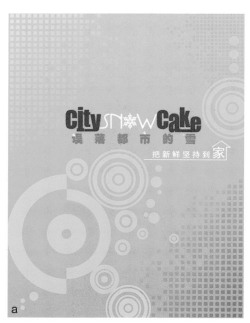

图2-10
纯度对比（学生赵锐作业）

偏冷。

（2）加黑。纯色混合黑色，既降低了纯度，又降低发明度。各种颜色加黑以后，会失去原有的光彩，而变得沉着、幽暗，同时大多数色性转暖。

（3）加灰。纯色混入灰色以后，纯度逐渐降低，色味迅速变得浑浊。相同明度的纯色与灰色混合，可以得到丰富的相同明度，不同纯度的含灰色。含灰色具有柔和、软弱的特点。

（4）加互补色。任何纯色都可以用相应的补色掺淡。纯色混合补色，实际上相当于混合无色系的灰，因为一定比例的互补色混合也会产生灰。如黄色加紫色可以得到不同的灰黄。如果互补色相混合，再用白色淡化，可以得到各种性格微妙的含灰色调。

4. 面积对比

面积对比是指各种色彩在构图所占量的对比。这是由数量上的多与少，面积上的大小的结构、比例上的差别而形成的对比。色彩感觉与面积关系很大，同一组色彩面积大小不同给人的感觉就不一样；同一种色彩，面积小则易见度低，如果面积太小，色彩甚至会被环境色所同化，视觉难以发现，面积大的色块虽然易见度高，容易被发现，但也容易感到刺激，如大片的红色会使人难以忍受，大片的黑色会使人发闷，大片的白色会使人感到空虚。

色彩构图时，有时会觉得某些色彩太跳或某种色彩不足，为了协调此关系，除改变各种色彩的色相与纯度对比关系以外，合理地安排各种色彩所占据的面积是必要的（图2-11）。

5. 冷暖对比

色彩的冷暖感觉并非为肌肤的温暖感觉，主要是人们的生理感觉和感性联想的结果，是与人们的生活经验相联系的，如红、黄、橙色往往使人们想到火焰、太阳、蓝色会使人联想到大海、蓝天、冰雪、月光等；色彩感受中最暖的为橘红色，最冷的为天蓝色。

色彩的冷暖对比也称为色性对比，它的冷暖感主要由色相决定，同时，在同一色相中，明度的变化也会引起冷暖倾向的变化。凡掺入白而提高明度的色性偏冷，凡掺入黑降低明度的色性偏暖，色彩的冷暖对于物象空间表现远近影响很大。在绘画过程中，焦点

图2-11
面积对比

透视的基本规律可归纳为：远大近小、近实远虚、近暖远冷、近纯远弱等。因此暖色具有前进的功能，冷色具有退缩的功能，在设计中也常用这种手法来表现物象的远近。

但色彩的冷暖并不是绝对的，而相对的两种色彩相比较是决定冷暖的主要依据，例如黄色对于蓝色是暖色，而对于红色，橙色是冷色的。总之，色彩有冷暖的互为条件，是互相依存的，没有暖色对比，便没有冷色的存在，它们是对立统一的两个方面，这需要我们在日常的观察和分析中通过比较而得到。因此，冷暖的概念必须建立在色彩对比之上，同时，色彩具有并列色性的相互对比，会彼此增加色彩的纯度。在绘画中，色彩的冷暖也包含了不同物体之间的色彩冷暖对比，同一物体亮部和暗部之间由于光源色的影响所产生的色彩冷暖对比。一个画家是可以通过对色彩的驾驭去表现任何情感的，也可以利用色彩来烘托画面的氛围（图2-12）。

6. 透明对比

透明的色彩可以和半透明、不透明的色彩产生美妙的对比效果，通常在古典油画技法中运用，由于透明的色彩效果是照片和印刷品无法传达的，所以对透明色彩的欣赏只能在美术馆进行（图2-13）。

7. 同时对比

同时对比是由于人的视神经会在大脑中改变人对色彩的感受以维持平衡。事实上，每一种色彩都倾向于把它相邻的颜色推向它的补色或相对色的方向。所

图2-12
冷暖对比

图2-13
透明对比

以在绘画中，当把一种灰色（或白色、黑色）与同一种鲜明的绿色并置时，如果要使这种灰色（或白色、黑色）真正地呈现出灰色（或白色、黑色）的话，就应该在灰色（或白色、黑色）中加入一点绿色，以抵消眼睛要增添的红色倾向（图2-14）。

8. 色彩的连续对比

（1）发生在同一时间、同一视域之内的色彩对比称为色彩的同时对比。这种情况下，色彩的比较、衬托、排斥与影响作用是相互依存的。如在黄色纸张上涂一小块灰色，这种感觉越强，越会出现所谓的补色错视。再如在黑纸上涂一灰色小方块，白纸上涂一同样面积及深浅的灰色小方块，同时对比的视觉感受是黑纸上的灰色更显明亮，形成所谓的明度错视。

（2）色彩对比发生在不同的时间、不同视域，但又保持了快捷的时间连续性，自然数为色彩的连续对比（图2-15）。

人眼看了第一色再看第二色时，第二色会发生错视。第一色看的时候越长，影响越大。第二色的错视倾向于前色的补色。这种现象是视觉残像及视觉生理、心理自我平衡的本能所致。如医院中手术室环境及开刀医、护人员工作服都选用蓝绿色，显然是为了"中和"血液的红色，巧妙地利用色彩的连续对比，

图2-14
同时对比

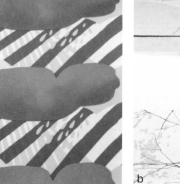

a   b

图2-15
色彩的连续对比

使医生注视了蓝绿色后，不但可减少、恢复视觉的疲劳，同时更易看清细小的血管、神经等，从而有利于保证手术进行的准确性和安全性。

这八种色彩关系并不是一定要同时使用在一幅画面中，但在一幅优秀的作品中往往能体现出多种正确的色彩对比关系。

各种各样的色彩组成了五彩斑斓的世界。它们有的对比强烈，给人留下深刻印象；有的协调统一，表现出一种动人的和谐美。然而这种对比与统一并不是孤立矛盾的，而是有机统一于画面中的。人类社会因为五彩缤纷的色彩变得栩栩如生、绚丽生动。而作为艺术的一种形式，色彩令我们每时每刻都感受到它所产生的美感。

没有对比就不会产生绚丽的色彩，但是对比过分就会产生不和谐的感受，进而对人的心理产生负面影响，因此调和色彩之间的关系就可以使色彩更加赏心悦目。所以说秩序、和谐是色彩悦目的先决条件，在进行色彩构成训练时，要使对比的色彩成为刺激视觉的协调的统一整体，要使色彩符合人的视觉心理，要使色彩符合人的欣赏习惯等。

（二）设计色彩的调和

"调和"本是音乐的概念，古云"宫、商、角、徵、羽，唱和相应而调和"。色彩调和是从音乐理论中引进的概念，是指各种色彩的配合取得和谐的意思，总的来说色彩调和是指两个以上的色彩有秩序、协调统一地组织在一起，能使人心情愉快、喜欢、满足的色彩组合就是色彩的调和。色彩调和有两层含义；一种是指有差别的对比的色彩为了构成和谐统一的整体，所需经过调整与组合的过程，这是把调和作为一种手段的解释；另一种指有明显差别的色彩或不同的对比色彩组织在一起时要求得到的和谐效果。调和是就对比而言，有对比才会有调和，两者互相依存、相辅相成。不过色彩的对比是绝对的，因为两种以上的色彩在构成中，总会在色相、纯度、明度、面积等方面或多或少地有所差别，这种差别必然会导致不同程度的对比，过分对比的配色需要加强共性来进行调和，过分暧昧的配色需要加强对比来协调，从美学意义上讲，色彩的调和可以说是各种色彩的配合在统一与变化中表现出来的和谐（图2-16）。

1. 色彩调和的方法

调和的方法多种多样，如统一与近似调和、对比调和、统一调和、连贯同一调和以及利用极色调和等。

在这里我们着重介绍与设计色彩归纳相关联的同一与近似调和以及对比调和。

（1）同一与近似调和。在色彩明度、色相、纯度三者中，某种要素完全相同，变化其他要素，被称为同一调和。

在色彩三要素中有某种要素近似，变化其他的要素，称为近似调和。

同一与近似调和的具体方法为：

①色相与明度统一，纯度变化；色相与纯度统一，色相冷暖变化。

图2-16
设计色彩的调和

②色相统一，明度与纯度变化；明度统一，冷暖与纯度变化。

③各色均混入同一或近似因素，使其各色均呈现和谐统一的趋向。

④若物象间固有色对比强烈，则强调光源色或环境色因素，使其和谐统一。

⑤若物象因阳光照射而冷暖对比强烈，则以纯度或明度因素增强和谐同一感。

（2）对比调和。对比调和是以强调变化而组合的和谐的色彩，在对比中色彩的三要素都可能处于对比状态，色彩效果更活泼、生动、鲜明，此种色彩的对比关系要达到既丰富又和谐的美，主要不是依赖色彩要素的一致，而是靠某种有序的组合来表现，因此也称秩序调和。

具体方法有：

①在对比强烈的双方，置入相应色相的等差或等比的渐变色块，以此来协调和抑制对比，从而达到调和的效果。

②通过面积的组合变化来统一色彩。

③在对比的双方，各点缀对方的色相来使画面效果趋于调和。

④在色相环上确定某种变化的位置，这些位置以某种几何形状出现，它们包括：三角形调和、四角形调和、五角形调和、六角形调和等。

2. 色彩调和的基本原理

（1）通过调节明度、纯度、色相及冷暖的关系，来追求色彩的条理性和秩序感，达到色彩的和谐统一。

（2）减弱各种对比因素的强度来求得色彩调和，同时防止过分同一性造成色彩要素的模糊而产生呆板、单调的效果。

（3）对补色对比进行色彩要素以及面积、方向等方面的调节，使其达到视觉生理和视觉心理的平衡，实现互补色调和。

（4）以色彩功能和审美需要来确定色彩的调和关系。宏观上讲，色彩调和是用色的最终目标，也是色彩功能的最高理想，自古以来无论是画家还是设计师，都致力于色彩调和的研究，其目的都是为解决人的视觉所需的色彩和谐统一，给人以美的享受。

三、色彩的归纳

（一）色彩归纳的概念

色彩归纳是衔接绘画和艺术设计的一座桥梁。顾名思义，就是对色彩进行提炼、概括、整理和重新安排布置。色彩归纳是在面对客观物象的基础上，强化了主观表现和理性的设计意念，不以描绘物象的客观状态为目的，在观察方法、思维方式和表现形式上都有独自的特点。色彩归纳最突出的特点，首先相对于色彩的描绘，色彩具有较强的局限性；设计艺术因为具有很强的社会化商业性特点，也就决定了其不能像绘画那样自由，而受功能、材料、生产加工手段等条件的制约。色彩归纳是在面对客观物象的感性基点上，强化了主观表现和理性的设计意念，它不以描绘对象的客观存在状态为目的，而是以设计专业的造型需要和思维发展为取向，其训练的目的在于为艺术设计服务。其最突出的特征是眼、手、脑的相互协调的过程。即通过画者的现场感受或面对客观物象观察、分析和审美选择，将特定的物象，经过梳理、提炼、夸张、变形等处理，表现于画面上。这种写生造型由直观感受而引发，注入了作者的激情和冲动。

现代归纳色彩所要研究的是主观色彩在基础绘画中的作用和表现，它是将现代艺术的理念和表现方式融入基础教学中的新颖的教育方式。它强调的是一种发现意识，它要培养的是学生的创造性思维和创造性能力。它是衔接现代艺术和现代设计的纽带和桥梁。具体来说，色彩归纳的训练目的是通过这种新的方式，以归纳概括的表现手段，获取对装饰性色彩的认识和把握，将对自然环境色彩的模仿性表现转换到对自然色彩的装饰性表现上来。这是将我们习惯性的写实方式过渡到主观装饰性的表象上来，也是丰富表现手法的最佳方式。色彩归纳是装饰性绘画的一种表现手法。

（二）色彩归纳的表现方法

设计色彩语言的简约性

众所周知，自然环境状态下的物象，其形态、

图2-17
空间结构的平面性

色彩都非常丰富和繁杂，物体的体积、空间感都很强，固有色、光源色、环境色的影响导致色彩千姿百态，令人应接不暇。这就要求我们对如此复杂的物象进行概括、提炼、归纳等方面的处理，可以通过色彩语言简化的方式，使形式更加突出，画面主题更加鲜明。

（1）空间结构的平面性。由于设计者所处的角度不同，物体形态自由无序，出于画面艺术效果的考虑和需要，需要对所描述的对象，对立体空间内的物象在画面中进行平面化的处理，使画面形象组合更有序、更平面化，同时更具有艺术创意性（图2-17）。

（2）形态结构的夸张性。表现写生对象不是目的，一切应该从画面需要出发，表现对象但不被对象所束缚。明白了这样一个道理，即客观景物中的色彩只是给我们提供一种色彩关系状态。艺术设计大师特别注重这种关系，但并不是将客观色彩在画面上简单拷贝，而是要求我们积极地、自由地、创造性地、艺术性地加以再现，将自然形态转化为艺术形象。适度夸张是现实这一画面目标的常用手法（图2-18）。

比如，我们可以通过夸张来强化主题，突出形、色的特征，增强画面的形式风格特点及画面的艺术感染力。但不是盲目夸张、变形，只是结合画面追求的艺术风格和特点才能使夸张更具有真正意义，才能达到理想的效果。它可以使我们摆脱客观现实的羁绊，进入到自由的艺术空间里肆意驰骋。

（三）色彩归纳写生的分类

1. 写实性归纳写生

写实性归纳写生是在不违反光色关系的前提下，对物象的明度和色彩关系加以概括、提炼，在形式上遵循客观原形的基本状态，对复杂、细微的色彩关系、明暗关系做以减法，使画面具有很强的立体感或客观色光的效果，也具有一定的装饰性。

写实性归纳是相对于写实性绘画写生而言的，它是介于具象性绘画和平面装饰绘画之间的过渡形式。这一阶段要求对纷乱无章的物象进行秩序化、条理化的处理。我们知道一般的写实性色彩是以反映自然的光色现象为主旨的，它是光源色、固有色和环境色现象的真实记录，带有较强的客观性。写实性归纳是在不违反光色关系的前提下，对物象的明暗和色彩关

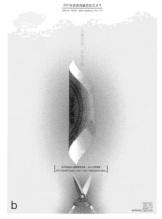

图2-18
形态结构的夸张性（学生李玲燕作业）

图2-19
写实性归纳写生

系加以概括、提炼，在形式上遵循客观原形的基本状态，对复杂细微的色彩关系，明暗关系做以减法，使画面具有很强的立体感或客观色光效果。写实性归纳写生的形象变化是在忠实于自然物象的基础上予以剪裁、取舍、修饰。对物象中特征突出的部分和美的部分加以保留，或进行艺术处理，使之产生一种净化、单纯、整体的效果（图2-19）。

色彩是整个写实绘画画面中的基调，色彩运用的好坏，决定了是否能第一时间抓住人们的眼球。写实性归纳色彩的构色，不是机械的照抄，模仿自然色彩，而是在准确把握其色彩关系的前提下，用有限的色彩去表达丰富的色彩变化。最有效的方法是对物象丰富微妙的色彩层次关系进行归纳或限定，如采用"限色法"或"分阶法"。在色彩层次上以一当十，以少胜多，使形象主体更突出、更集中，从而增强色彩整体的表现力和感染力。写实性归纳色彩的构色一般有两种方法：一种是分阶法；另一种是限色法。

（1）**分阶法**。这是概括提炼最常用的方法，即对

每一个单体的物象首先确定亮灰暗等区阶的明暗或色彩，用铅笔勾勒成形，概括为一个整色。然后根据物象的明度选固定的几套颜色，把相应明度的色彩填充到用铅笔勾勒好的不同明暗区阶的图形中，这种"以少胜多""以一当十"的提炼方法，可使形象主体更突出、更集中，从而增强色彩的表现力和感染力。

（2）**限色法**。限色法也是概括提炼的有效方法。限色可用多套色过渡到少套色，甚至是黑白两极。多套色可相对自由地表现物象色彩的客观存在状态，将客观自然的色彩，通过色的概括或限制浓缩于画面上。少套色的设定在一定程度上有主观意象，表现中要明确、概括，以达到最为整一极致的效果。

2. 平面性归纳写生

平面性归纳是色彩归纳写生的重点，也是在观察方法、思维方式以及表现方法上发生质的飞跃，并真正开始认识和学习装饰造型要领的关键环节。这一阶段的训练首先要求在面对客观物象时尽量排除光的干扰，弱化光影变化，弱化透视空间，把复杂的立体形态做平面化处理，将层次丰富的色彩往整色上提炼。因此，同写实性归纳写生相比，这种训练更涉及了构图、构形和构色等方面全新的构成方法。我们可以把平面性归纳分为两部分来进行：其一，是相对写实的平面归纳写生，或称之"客观平面归纳写生"；其二是变形、变色的平面归纳写生，或称之为"主观平面归纳写生"（图2-20）。

（1）**客观性平面归纳写生**。

1）构图。采取焦点透视构图形式，视点相对固定，在构图布局时，所经营的各种形象依自然序列

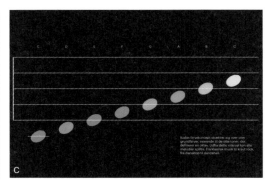

图2-20
平面性归纳写生

来分布，着重表现对象静止的、客观存在的空间样态。画面中并未完全摒弃光影关系，可充分表现出空间感、虚实感、肌理、质感及色彩的客观效果。和写实色彩不同的是，在强调尊重自然的秩序和透明效果的前提下，必须对客观物象进行提炼、概括。在写生时，应注意选择描绘位置和角度。可通过平视、俯视或仰视来进行形象的组合和构成，使画面构图呈现出不同的视觉效果。

2）构形。在形态表现上，可充分表现形象的立体感、空间感和质感，但并非是对客观原形的忠实描摹，而是在遵照客观物象基础上，采取减法，对写实的形态予以细节和层次上的剪裁、取舍、修饰，通过简化集中本质，删除多余，使冗繁的自然得以修饰、整顺和艺术加工，在形象上产生一种净化、单纯、整体的效果。点彩这种画法的重组是19世纪晚期"新印象派"的重要代表人物修拉·塞尚的静物画，完全抛弃传统的明暗法，而是用色彩来表现形体，给人感觉色彩鲜艳夺目，有一种特殊的美感。而现在我们经常看到的一种"构圈边"画法，应该说灵感来源于塞尚的"静物画"。高更的人物画色彩，莫迪格利阿尼的造型，完全抛弃了传统绘画中的甜腻和媚俗，在"似与不似"之间追求一种形神兼备的艺术效果。

因此，平面化的造型方法在面对客观对象时，更强调外形特征。在单个物体的塑造中，要选择这个物体最完美、最能体现其基本特征的角度。将物体的形象展开来处理，减少进深感，使形象舒展、完美。在这方面，古埃及壁画中人物的变形、汉代画像石、画像砖等形象处理手法值得借鉴。

3）构色。在构色上，客观性平面归纳写生可以从以下几个方面来考虑：

①舍弃细节，不求单个物体自身的明暗层次变化，舍弃物象在亮部、暗部、中间部、反光部及高光部等素描调子上的变化，而是予以充分的概括和提炼。把单个物体上丰富的色彩层次作整色处理，在画面上强调物体与物体之间所形成的色块与色块之间的对比关系。

弱化固有色，在具体表现各个物体颜色时，可依照光源色、条件色、固有色、环境色等进行考虑。不过，一般情况下，多以各个物体的固有色作为主要的物体色彩。同时，也可根据自己的感受和画面需要，夸大和强调光源色或环境色。

②主观色，在画面中可根据构图形式的整体需要，在一些局部点缀主观色。以强化画面主题或增强画面的视觉效果。

总体而言，客观性归纳的构色，在整体上不表现单个物体的微妙色彩，而是将其概括、提炼为单纯的整色块。表现手法上可采取平涂，求其平面化，依靠色块与色块之间的对比来取得画面效果。

（2）**主观性平面归纳写生**。比起客观性平面归纳写生，主观性平面归纳写生在构图、构形和构色方面具有较大主观性，因此也是对平面化装饰手法和样式的更深入的研究，看一幅装饰色彩，装饰性强不强，要根据几个方面来看，其中最重要的就是构图。

主观性平面归纳写生在构图上，要化多维的立体空间为二维的平面空间，就须改变常规的观察方法，即弱化一般写生采用的焦点透视，而将固定的视点变为可移动的视点，运用散点透视，多点透视来观察物象，是取得平面化空间最有效的手法，常见的散点透视构图有平视体构图和立视体构图两种（图2-21）。

1）平视。平视的平面展开构成方法是视点不集

图2-21
散点透视构图

中，对于所描绘的景物一律平视，视线始终与物象立面的各个部位垂直，不画物体的顶面和侧面，只画能体现特征和姿态最生动的一个面。因此，要特别注意影像效果，要求轮廓清晰，形象不重叠，前景不挡后景。这种构图可向上下或左右伸展。不同时空的形象可同时布置在一个画面上，而且不强调空间环境的刻画，往往以有代表性的景物或道具象征地表现环境，以形体的大小，线条的疏密或色彩的明暗来体现层次。

这种体裁相当于建筑上的"立面图"，只是物象间不一定互相连接；往往成散点状。具有一种田园牧歌般的纯朴韵味，类似文学中的童话、散文，是一种富有装饰效果的构图形式。像我国古代青铜纹样、画像石、剪纸，古埃及壁画等大多都采用这种构图形式。

2）立视。立视图的构成方法是由平视图演变而来的，即在平视图基础上画出顶面、侧面而成。具体画法是：将所描绘的景物，如：房屋、家具等立方体一个立面形的各顶点向左或右，同时向左右画出45°左右倾斜的平行线，形成顶面和另一侧面。这种画法类似于机械或建筑中的轴测图画法。

这种构图要求作者的视点总是高于所画之景，而且采用了没有灭点的平行透视法，因而画面可以向无限高度伸展和向无限宽度延长。它可以海阔天空地抒发情感，也可以长篇累牍地描写故事，既不受任何视点的约束，又不受时间、空间、自然形态的限制。是一种具有浪漫主义色彩和中国特色的，将客观自然主观化、主观意识理想化的构图观念。特别适合表现画面的辽阔、深远。物象在透视上无论远近、前后都不发生较大变形。这种体裁描绘事物具体、详细、场面庞大，类似文学中的小说、戏剧。中国传统绘画、木版画插图及现代工艺品、书籍插图等常采用这种构图形式。

第三种构图形式为自由体：

自由体的构成方法是以直线或曲线分割画面。在此基础上再填充各种线、形、色，可以自由地跨越分割或根本不用任何分割线，直接把各种线、形、色按一定形式规律自由拼接、组合。可以把天上飞的、陆

上走的、水里游的、梦境中的、幻想中的同时组织利用。同一画面中既可以海阔天空地抒发情感，也可以长篇累牍地描写故事，既不受任何视点的约束，又不受时间、空间、自然形态的限制，天马行空，完全可以自由发挥作者的想象和虚构的作用（散点透视）。

（3）构图的基本类型。巧妙的构思必须通过相应的构图来体现，要做到形与色的统一，我们须遵循一定的布局来经营画面中各种物象的位置，下面，我们来了解构图的基本类型，根据前辈装饰艺术家们总结出的传统装饰构图的几种构成形式，结合现代装饰艺术常见的构图形式，大体归纳为以下几种：

1）重复。在构图的基本类型中，重复是最简单的节奏，它是同一形象作为间隔排列，一般适于表现群体形象的风姿和活动等。重复法则使人们已获得的最初印象进一步加强，从而产生一种有秩序的美。如重复出现的庭园柱石，并排开着的窗户都带有重复的意味。

重复可以给人一种单纯、整齐和统一的感觉，也可以给人以力量。相同因子的重复产生统一感，相似因子的重复可形成统一中的变化。因此，重复的最大特点就是加深印象，增强人们的记忆。

2）渐次。渐次就是连续出现的群体形象的变化。表现出同方向的递增与递减，并具有一定的规律性。比如：向水中投石所形成的水环（逐渐扩大）；中国古塔建筑中每一层相应的飞檐的递减关系等。每一次的渐次变化不能太大：太大了，难成渐次；太小了又形成了重复，各种形象关系：由多渐少，由黑渐白，由实到虚等都可入画，且有许多都是利用了焦点透视来表现渐次的韵律美。

装饰构图中还有两种最基本、最常见的构图形式：对称和均衡。

3）对称。对称是自然赋予的一种有节奏的美，如人体的左右部分，飞禽、昆虫的双翼及双翼上的花纹，植物的种子、叶子、花朵等，都是以对称的形式有规律地生长排列着。

对称又可分为绝对对称和相对对称两种。绝对对称是对称双方或多方的形象同形、同量、同色。相对对称是对称双方或多方的形象不同形、不同色，但

量相同或相近。装饰构图中的对称，中心线或中心点常在画面正中，其形式还有上下对称，斜角和多角对称。对称给人一种有稳定、庄重、整齐、宁静的美感。但过多的对称重复会让人觉得单调、呆板。因此在装饰画中，运用对称的手法一定要适当。

4）均衡。如果我们把对称比作天平，那么均衡就好比是秤，它不受中轴线和中心点的限制，没有对称的结构，但有对称的重心。装饰上的均衡，主要是通过经营画面位置，如人物的比例，动势，色彩等取得。与对称相比，这种构图形式显得生动，活泼，富有变化。

5）交错。我们称这种构图形式为交错或透叠，在构成形象时，线与线相交，面与面重叠，有时是互不影响的两个或两个以上的形象同在一个画面中透叠存在，就像X光透视，后面被遮住的形象会透过前面的形象同时出现于画面上，这种构图形式可打破大面积黑影造成的沉闷，增加黑白或色彩层次，活泼画面气氛。在美籍华人丁绍光的重影装饰画中大量地使用了透叠的手法。

6）适形与共用形。适形是形象尽可能适合图形中某一形体或画面边框，这种适合是变化加工的适合，是精心设计出的巧合，而不是随便勉强的适合，共用形是两个或两个以上的形体共用它们的某一点，某一边线或某一面。

7）打散构成（解构重组）。打散构成立体主义代表毕加索将构成诸图像打散移位，然后重新组合，是一种完全脱离自然规律的构图形式，极具妙趣之感，形象的变化与表现就在其中。

我们都知道，装饰艺术中的形象不是自然的再现，而是将自然形象加工处理后的艺术形象，是变化而来的，变形是将写生得来的素材，进行艺术提炼、加工。

（四）设计色彩的归纳

绘画性写实色彩是设计色彩的基础，设计色彩是探讨和利用色彩组合变化的原理来发掘人的理性思维和创造性思维的学问，是艺术设计专业和相关设计专业学生的一门必修的色彩基础课，那么设计

又是什么呢？

自古至今设计就是从无形到有形，从无声到有声，从无到有的一种创造过程。对自然再现便是一种历史的倒退，这就要求我们在自然的基础超越自然从而超越色彩表象模仿，达到主动性的认识与创造，从感性到理性，从具象到抽象的一种创造性思维训练过程，并把色彩基础训练有机地同专业设计联系起来，在这里色彩归纳写生训练便显得尤为重要了。

这里所说的色彩不是简单的色彩问题，而是具有广阔的意义。从造型的条件看，形与色是密不可分的形中有色、色中有形，而不是简单的装饰绘画。一般来说，传统的色彩写生是以客观的方法去观察和分析自然物象的形态特征以及光源色，环境色和物体固有色等相关关系和变化规律，是对自然的一种写实再现。而设计色彩归纳写生则是建立在传统写实色彩写生基础上的延伸和扩展，通过这种训练，使学生了解和掌握设计色彩的基本原理和方法，并将这些方法和技能运用到艺术设计中，为艺术服务，为设计服务。

设计色彩归纳写生训练的内容主要以静物、人物、风景这三个方面为基本训练内容，由于静物写生时在光源上环境的相对稳定，学生在稳定中寻求发展的空间，对于个性的培养是相当方便的，故我们在本书中着重讲述色彩静物归纳写生训练。当然对于设计色彩的训练方式各有千秋，难免有各种不同的见解与看法，这是现实存在的正常现象，在这里描述的只不过是编者在实际设计基础教学课中的真实记录，它会随着历史的发展，时代的进步而不断完善、发展。

1. 客观性设计色彩归纳写生训练

客观性（即写实性）设计色彩归纳是从具象到抽象训练的开端，它是在不违反光色的前提下，对物象进行的色彩概括提炼，使画面更具有装饰性、整体性和浪漫性。

（1）构图训练。这种画法构图和以前的传统写实绘画构图基本一致，都是通过焦点透视来体现构图特征的，在画面中各物象以自然顺序排列在画面中，在绘画的过程中，依然是近大远小、近实远虚、近纯远灰、近暖远冷的观察方法，表现出自然物象的真实感

图2-22
构图训练

和纵深感。但这里注意的是客观性设计色彩归纳写生要求在自然物象的表现上要对客观物象进行概括和提炼，使形象更突出，色彩更鲜明（图2-22）。

（2）**构形训练**。客观性设计色彩归纳写生要求学生在自然物象形态基础上抓准形态特征。适当进行概括夸张取舍，使画面产生一种真实、单纯、整体的感觉，在写生中，强调形体的完整性、秩序性（图2-23）。

（3）**构色训练**。客观性设计色彩归纳写生的构色，不是简单机械地描摹自然物象色彩，而是对自然色彩的一种精神提炼、整合和设计。用最简单的颜色去表现最丰富的内容，在设计上可用几种颜色来限定画面整体色调，在概括中寻求统一，统一中寻求变化，用最少的色阶表现丰富的精神内涵，使色彩更具表现力和艺术感染力（图2-24）。

这种画法与传统的写实绘画虽然较相似，都是以忠于对自然色彩的表现，以写实为中心目的，但是客观性设计色彩归纳写生则能使学生学会发现自然色彩并对大自然纷杂的色彩做高度的集中与概括，使色彩更加真实，从而为具象到抽象的训练过渡迈出第一步。

（4）绘画步骤。

步骤一：在视觉方法上仍采用焦点透视的方法，所经营的物象依自然序列分布，但构图需先用铅笔起稿，然后再进行设色，因为这种归纳的画法本身就是一种设计。

步骤二：在第一步的基础上进行填色。设色并非是对原物象进行摹描，而是在原物象色彩的基础上采用减法，对物象形体和色彩进行大胆取舍、概括，注意大的色彩关系。

步骤三：这一步骤在用色上以一当十，使形象更加突出，充分地表现出物象的空间感等因素。

步骤四：在前三步的基础进行总体调整，使画面更加完善，色彩更加和谐统一。

2. 主观性设计色彩归纳写生训练

主观性设计色彩归纳写生较客观性设计色彩归纳写生无论是在观察方法上、还是在表现方法上都发生了质的变化，都是一种装饰效果极强的全新色彩构成方法。

（1）**构图训练**。在这里我们不仅要把全部所看到的物象都描绘出来，而且还要用全新的观察方法来打破传

图2-23
构形训练（学生代宇沁作业）

图2-24
构色训练

统的视觉变化，即放弃传统的焦点透视（一点透视）观察方法，强调以散点透视、多点透视来观察物象，这时，让学生们自己选择所谓最佳喜欢的位置，或坐或立表现自己心目中的景象。这时学生们变得更加主动了，或平视或俯视，所呈现的画面姿态万千。这时眼睛所看到的并不重要、并不真实了，要让心灵在景物间游走。

散点透视是我国传统中国画的观察方法和造型方法，这种构图不要求真实再现自然物象，而是在自然基础上的更深刻的领悟和主观意念，强调画家的内心真实感受。因此在布局上和表现方法上不拘一格，可随心所欲，让自己的心灵在所描绘的画面中游走，视点可上可下、可左可右、有选有弃，同时画面中可反映出多空间、多情节、多时间，打破自然时空，造成一种主观性创造意念。

这种观察方法和表现方法用于民间剪纸、彩陶绘画，在传统的壁画创作上的应用也极为广泛。

（2）**构型训练**。面对高低各异、变化不一的自然物象，要求我们用可高可低、可左可右的观察方法，同时再以主观意志对其进行画面经营排列，打破自然形态和时空观念，淡化物体与物体间的遮挡、虚实关系。在画面上，一切都是主要的，一切又都显得那么的不重要。使三维立体空间为二维平面空间，在构形上除了夸张强化自然物象的特征外，还可对自然物象运用移位、对接、倒置、透叠、共用等多种手法，使画面形象更加突出，主题更加鲜明。

（3）**构色训练**。在设色方面，依照自然形态基本色彩前提下，运用主观色和按照色彩法则进行色彩调和、对比、均衡等来进行色彩处理。在表现技法上，多以平涂手法，使色与色之间对比更加强烈，装饰效果也更为浓烈，使色彩达到一种秩序和谐的境界。

（4）**绘画步骤**。

步骤一：用铅笔进行构图，观察方法主要使用散点透视，尽量弱化透视关系，减少物象之间的前后遮挡，让物象清晰呈现面前。

步骤二：从局部出发给形体铺色，用色上须多强调主观色，注意用色要饱和、纯净。

步骤三：在表现方法上用透叠、移位、倒置等多种手法，化立体物象为平面物象。

步骤四：完成稿，在前三步基础上再进行深入刻画，点缀主观色，以取得和谐完美的色彩关系。

3．解构性设计色彩归纳写生

（1）**解构的概念**。设计的本质便是创造，寻求从无到有、无中生有。这就要求我们打破常规固有的思维方式，主动去创造更有审美价值的东西。

从创新求异的思维方法看，解构性归纳写生无疑是最有效的训练方法之一。那么何为"解构"呢？"解构"一词来源于哲学命题，也叫解构主义或拆构主义，认为结构没有先天的、一成不变的中心，不是固定的而是由认识的差别构成的。由于差别的变化，结构也发生变化。确切地讲，"解"即分解、拆解，"构"即重构、构成之意，这不是一般性质的再现，而是一种全新的观察方法和思维方式。打破传统观念，创造具有精神性的写生方式，在原有的基础上对物象进行分解、分散，从客观物象形态中化整为零，变整形为元素，之后对分解出来的元素进行重新整合，包括构图、形态、布局、位置等进行重现，这种手法本身就是一种设计。这时画家不是依赖眼睛去感性地描绘主观现象，而是用心智去体验，理性地去设计这个从无到有的过程（图2-25）。

其实从后印象主义开始就有许多画家不满足只专注表现外光与光色的瞬间变化，他们主张结构、色块和体面，追求艺术的真实，而不是做光的再现者和奴仆。后期的立体主义和表现主义等对于色彩的研究更加深刻和理性，他们主张对自然景物进行

图2-25
学生魏智德—解构作业

分解而后重新组构，从而创造新的画面、新的自然景物，将自然色彩转化为和谐的设计色彩，传达艺术家最真实的感受。

西班牙立体主义的代表画家巴勃罗·毕加索和荷兰的抽象主义绘画大师比埃特·蒙德里安等就对解构主义进行了大量的实践和探索，创造出无数的抽象绘画作品，为后人留下了宝贵的借鉴学习的财富。

（2）解构的过程。对于自然形态我们如何对其形态进行分解，对于分解后的元素如何再进行重构，这是每个忠实写生者所面临的问题。

首先，我们要改变传统的写生观察方式和思维方式，不要只相信眼睛所见到的，最重要的是自己的心，要让自己的心灵在自然间游走，使人与自然合一。在这里自信是重要的，不管怎样。你所表现出来的画面是你用心用汗水设计构成的。在分解自然形态时要抓住你最感兴趣的部位，将其由整形导向逐步转化、分解、提炼出所需的形象元素，使自然形态向抽象形态转化。在分解时除了注重形的单纯、简化外，还要注重形的意味和形的美化。

其次，对于分解出来的新元素在不依赖原形的前提下，摆脱自然主义，进行新的创造整合，以形成新的抽象画面。这些被分解的新元素已不再是原有的形态和功能，其本身具有新的特殊意义。因此在形和色的布局上，不再受自然物象构成方式的制约，其经营的方法更为自由灵活。在构图上可运用对称式、散点式、焦点式、中心式、连环式、分割组合式等来进行画面形象的经营。在重构的过程中常用的手法有重叠、重复、移位、倒置、共用、叠透、错接、错落等手法，使画面呈现出一种新颖的全新的构成方法。最后对解构物设色，要通过对自然进行提炼、归纳、概括和取舍，改变自然色为人为色，通过以下几种方法主观设色。

①减：对分解后复杂的元素色彩进行减化、弱化其色彩层次，提炼其画面所需色彩。

②增：根据画面的需要，加入主观人为色彩，使画面更具有生动和谐的色彩画面。

③变：对于画面的形色我们可在原有基调的基础上变化其形状和色调，使具象的形和色彩变为抽象理

性的色彩，从而为设计服务。

总之，解构性设计色彩归纳写生是在尊重客观自然物象的基础上向抽象绘画过渡转化的一个训练方式，是一个充满发现的再创造过程，可以启发我们用新的思维方式去洞察和体验事物，从而创造出另一个奇特新鲜的自然境界。

（3）绘画步骤。

步骤一：面对瓶罐等物象进行多角度观察，对其形态结构特征进行细致推敲和分析并对其进行打散重构，使其从具象向抽象过渡。

步骤二：设色上完全打破自然形态，强调抽象色彩，从局部起实行主观填色。注意平涂时用软毛画笔等，尽量减少笔痕，使画面保持良好的色彩效果。

步骤三：在画面色彩构成中应遵循均衡、律动、节奏、对比、调和等结构法则，以取得良好的视觉效果。

步骤四：用小笔对画面进行最后调整，勾线或点缀。

4. 综合技法的设计色彩训练

在实际的设计过程中，有时一种技法往往是不够的，在整个创作过程中要多种手法共用，一般来讲两种以上的表现方法在一幅作品的运用我们称之为综合技法表现。

常用的技法有把物体表面覆盖纸张，用铅笔、炭笔、炭条等进行拓印，然后把拓印后的图片进行拼贴刻画，或把实物（如衣物、丝麻编织物或其他物品）放在复印机上进行复印，然后进行整合拼贴。还有利用照片、画报上的色彩图案时行综合拼贴。

另外，运用多种工具来进行，刮、染、刻、画、描、喷等多种手法也是综合技法中常用的手法。毕加索曾言："艺术没有创造只有发现。"利用这种手法会打破传统的色彩运用直接进行平面创作，可以教会学生用新的眼光去发现新的手法去创造、体验各种材料之特性，使平面和立体相结合，发挥其材料特性，为其艺术设计服务。

色彩归纳写生步骤：

步骤一：从对象的新的角度仔细进行观察，建立新的造型观念和新的思维模式，在感性认识中强化理性认识和表现；打破一般人观察事物常用角度，全

面多角度进行观察，寻找容易被人忽略的美点和趣味点；打破整体的概念，从局部入手，观察细微之处。如有必要，可带着放大镜，自然造物很神奇，可从中吸取设计灵感。

步骤二：把自己发现的美的客观对象用单线稿的形式描绘下来。

步骤三：对描绘物象进行概括、提炼、归纳、整合，进行艺术性加工和处理。构造合理的构图，描绘成形。

步骤四：从深至浅或从浅至深地进行着色，注意色彩的层次变化和整体色调的把握。着色时可根据自己的设想来调整色彩的明度、纯度以及色调的变化。并不需过于遵循原有的自然色。

步骤五：调整阶段。对整体色调以及细节部位进行修饰，调整阶段应将各套色控制在一定的范围之内，不必太多的套色，局部可做深入刻画，进行点线面的装饰。凸显精致之意，增强美感。如有必要，可添加一个背景，以达到更佳的视觉效果。

四、色彩的局部框架

在我们的生活中，任何一个色彩都可以作为我们的思想来源，任何一个色彩都有它的独特魅力和象征含义，都能刺激我们迸发出无限的想象空间，让我们脑洞大开，甚至某一种色彩还可能与我们过去所经历的事情或者是自己的内心深处产生共鸣，让我们爱上这个色彩斑斓的世界。但是，在设计色彩与归纳写生时，我们很难对千变万化的色彩进行一个合理的搭配与组合，也很难对色彩进行一个系统的归纳与总结。那么，我们如何发现最美的色彩？如何收集合适舒服的色彩搭配？其实在于我们平时的收集与发现，从生活中发现美的色彩，从生活中收集美的色彩。其中一个方法就是对色彩的局部框选。

色彩的局部框选是指在日常生活中，在平时所处的环境中，对自然色和人工色彩进行观察、学习的前提下，对色彩进行提取和采集的构成方法。

艺术大师毕加索说过："艺术家是为着从四面八方来的感动而存在的色库，从天空、大地，从纸中、

从走过的物体姿态、蜘蛛网……我们在发现它们的时候，对我们来说，必须把有用的东西拿出来，从我们的作品直到他人的作品中。"可见，从平凡的事物中去观察、发现别人没有发现的美，逐步去认识客观色彩中美好的色彩关系，和借鉴美好的形式，将原色彩从限定的状态中走出，注入新的思维，重新构成，使它达到完整的、独立的、富有某种意义的创作目的。

1. 色彩的提取

在设计中，我们会经常用到PS、AI等设计软件，我们可以使用吸管工具将所喜欢的色彩提取出来，顺序是由大块色到小块色，进行一个总结和归纳。关于色彩的提取整合，我们会在后面的小节中进行具体的讲述（图2-26）。

2. 色彩的采集

采集与重构，是一种重新分析事物、认识事物的方式，是在生活中寻找色彩创作的源泉，扩大了人们对色彩在视觉、心理上的认知和理解。采集和重构是为了达到更丰富的视觉传达效果。采集的对象来源可以是自然或生活中的任何物象，范围极其广泛。生活与大自然为我们提供了丰富的灵感源泉，只要对生活充满热爱和好奇，对于设计者而言就可以达到"万物

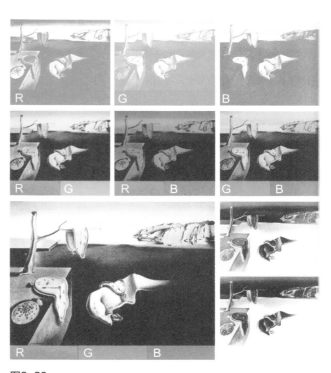

图2-26
RGB色彩的示意

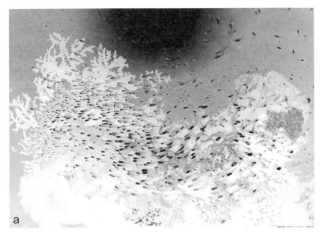

a　　　　b

图2-27
反向观察

静观皆可得"的境界，从中得到启发并捕捉到创作的灵感。

色彩的采集范围相当广泛。一方面，借鉴古老的民族文化遗产，从一些原始的、古典的、民间的、少数民族的艺术中祈求灵感；另一方面从变化万千的大自然中，以及那些异国他乡的风土人情，各类文化艺术和艺术流派中吸取养分。总的归纳起来有以下形式：

（1）**自然色的采集**。通过自然的色彩变化了解色彩，可以达到事半功倍的效果。因为大自然为我们提供了丰富的色彩资源。浩瀚的大自然，丰富多彩，幻化无穷的向人们展示着迷人的色彩。如蔚蓝的海洋、金色的沙漠、苍翠的山峦、灿烂的星光……具体地分，有春、夏、秋、冬，还有晨、午、暮、夜的色彩，有植物色彩、矿物色彩、动物色彩、人物色彩等。这些美丽的景色能引起人们美好的情感。历来许多摄影艺术家长期致力于大自然色彩的研究，对各种自然色彩进行提炼、归纳、分析。从取之不尽、用之不竭的大自然中捕捉艺术灵感，吸收艺术营养，开拓新的色彩思路。大自然中千变万化的色彩无不蕴藏着奇妙、独特的借鉴价值。所以大自然是我们的创作源泉（图2-27）。

（2）**传统色的采集**。所谓传统色，是指一个民族世代相传的，在各类艺术中具有代表性的色彩特征。中华民族是有着悠久历史和深厚文化底蕴的民族，以儒家、道家、禅宗三大哲学体系为主的思想，共同构建了东方的思想精髓和文化特征，产生了具有东方特征的审美精神和价值观念。从中国的传统绘画、水墨、壁画与绢画以及新石器时代的彩陶、战国的漆器、唐代的唐三彩再到后来的青花瓷，这些不同时期的艺术作品都在延续着中华民族世代相传的、具有代表性的传统色彩体系，这些艺术品均带着各时代的科学文化烙印，各具典型的艺术风格，各具特色的色彩主调和不同意味的艺术特征，为当代的设计师提供了无尽的宝藏。这些优秀文化遗产中的许多装饰色彩都是我们今天学习的最好范本。这些不同时期的艺术作品都在延续着中华民族世代相传的具有代表性的传统色彩体系，从民族性、精神性、传统文化性的提出，到绘画应具有时代感和中国特色的建议，我们迫切希望看到具有中国民族性和精神内涵的优秀作品产生（图2-28）。

图2-28
传统色采集

（3）民间色的采集。民间色，是指民间艺术作品中呈现的色彩和色彩感觉。民间艺术品包括剪纸、皮影、年画、布玩具、泥塑、刺绣等流传于民间的作品。在这些无拘无束的自由创作中，寄托着真挚纯朴的感情，流露着浓浓的乡土气息与人情味，在今天看来，它们既原始又现代，极大地诱发了画家的创造性（图2-29）。

（4）动物色彩的采集。动物的世界色彩斑斓，种类繁多。有的艳丽、有的素雅、有的热烈、有的冷峻，色彩丰富，变化万千。例如：蝴蝶的品种定名的就有1万多种，色彩随着种类的不同而千变万化；还有我们熟知的变色龙就拥有超强的变色本领。随着温度、光照和环境的变化变色龙能够快速将身体变换为绿色、黄色、白色、棕色等各种颜色。另外像禽类的羽毛、兽类的皮毛、鱼类的鳞甲、珊瑚的斑斓都带给我们丰富的视野和创意的想象（图2-30）。

（5）艺术色彩的采集。就色彩的角度而言，绘画史也是一部色彩史。从中国古代的五色、水墨到西方绘画的古典主义、印象派、表现派、抽象主义等不同画派的主张与风格，都可以成为我们挖掘色彩、研究色彩、扩展思维、重新构建新的色彩王国的重要依据（图2-31）。

（6）生活色彩的采集。生活是一切创造的源泉。除了上述色彩采集的方式，我们可以随时随地从生活中去发现和收集色彩，建筑、房屋、包装、广告都可以成为我们收集的对象。通过拍摄的形式记录下来，培养自己观察生活、改变生活的设计素养（图2-32）。

（7）图片色的采集。图片色指各类彩色印刷品上好的摄影色彩与好的设计色彩。图片内容可能是繁华的都市夜景，也可能是平静的湖水；可能是秋林的红叶，也可能是红花绿草；可能是高耸的现代建筑物，也可能是沧桑的古城墙；可能是一堆破铜烂铁，也可

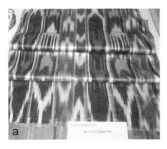

图2-29
民间色的采集

图2-30
动物色彩的采集

图2-31
艺术色彩的采集

图2-32
生活色彩的采集

图2-33
图片色的采集

能是金银钻戒……图片的内容可以包揽世上的一切，不管它的形式和内容怎样，只要色彩美，就值得我们借鉴，就可以作为我们采集的对象。除上述内容外，绘画色也值得我们学习和借鉴，从水彩到油画；从传统古典色彩到现代印象派色彩；从拜占庭艺术到现代派艺术的色彩；从蒙德里安的冷抽象到康定斯基的热抽象等（图2-33）。

此外，我们还应放开视线，扩展到世界这个大家庭中，从埃及动人心弦的原始色彩到古希腊冰冷的大理石色调，从阿拉伯钻石般闪亮的光彩到充满土质色调的非洲，从日本那审慎的中性色调到热情而豪放的拉丁美洲的暖色调等都将激发我们学习色彩的灵感。

采集的目的，重在体味和借鉴被借用素材的色彩配置。意义在于完成一个有自己的发现和理解的创构过程，在于整个创作过程给予的启示。

第二节

设计色彩的重构

色彩的重构指的是将原来物象中美的、新鲜的色彩元素注入新的组织结构中，使之产生新的色彩形象。色彩的重构属于解构色彩的一部分。

色彩的采集与重构的方法，是在对自然色和人工色彩进行观察、学习的前提下，进行分解、组合、再创造的构成手法。也就是将自然界的色彩和由人工组织过的色彩进行分析、采集、概括、重构的过程。一是分析其色彩组成的色性和形式，保持原来的主要色彩关系与色块面积比例关系。保持主色调，主意象的精神特征，色彩气氛与整体风格。二是打散原来色彩形象的组织结构，在重新组织色彩形象时，注入自己的表现意念，是构成新的形象、新的色彩形式。

在设计色彩中，采集和重构是为了更丰富强烈的视觉表现和多重的色彩语汇的表达。如果说采集是初始阶段，是一个归纳、过滤和筛选的过程，那么重构就是后续阶段，重构是将原来物象中的色彩元素注入新的形态结构中，通过分离、挖掘、拼合的手法重新组建色彩形象，在色彩的表达上不脱离原图的意境，这样的训练形式可以更加丰富我们的表达形式。

色彩的重构一般分为以下几个形式：整体色按比例重构、整体色不按比例重构、部分色重构、形与色同时重构、客观物象的重构、主观意象的重构和色彩情调的重构。

（1）**整体色按比例重构。**将色彩对象（自然的和人工的）完整地采集下来，按原色彩关系和色面积比例，做出相应的色标：按比例运用在新的画面中，其特点是主色调不变，原物象的整体风格基本不变。

（2）**整体色不按比例重构。**将色彩对象完整采集下来，选择典型的、有代表性的色不按比例重构。这种重构的特点是既有原物象的色彩感觉，又有一种新鲜的感觉，由于比例不受限制，可将不同面积大小的代表色作为主色调。

（3）**部分色的重构。**从采集后的色标中选择所需的色进行重构，可选某个局部色调，也可抽取部分色，其特点：更简约、概括，既有原物象的影子，又更加自由、灵活。

（4）**形、色同时重构。**是根据采集对象的形、色特征，经过对形概括、抽象的过程，在画面中重新组织的构成形式，这种方法效果较好，更能突出整体特征。

（5）**客观物象的重构。**严格按照原有的客观参照物采集的色彩为依据，进行概括，抽离出具有代表性的典型颜色，按原色彩比例和关系进行重新构成。

（6）**主观意象的重构。**通过抽象出原物象的典型色彩，根据主观意象，发挥设计者的想象力与创造力，在新的构图中进行色彩的归纳、组合，构成一幅全新的色彩作品。

（7）**色彩情调的重构。**根据原物象的色彩情感、色彩风格做"神似"的重构，重新组织后的色彩关系和原物象非常接近，尽量保持原色彩的意境。这种方法需要作者对色彩有深刻的理解和认识，才能使其重构后的色彩更具感染力。采集重构练习是一个再创造过程，对同一物像的采集，因采集人对色彩的理解和认识不一样，也会出现不同的重构效果。其实再创造的练习过程，就像是一把打开色彩新领域大门的钥匙，它教会我们如何发现美、认识美、借鉴美，直到最终表现出美。色彩情调的重构更具原物象的色彩意境和色彩调，通过设计者的理解与分析，创造出原物象色彩情感的作品。

一、色彩的分解组合

古希腊哲学家赫拉克利特说："艺术模仿自然"，师法自然本身就是人类的一种提高自身审美修养的自发和有效的途径。而自然界中存在着千姿百态的色彩组合，在这些组合中，大量的色彩表现出极其和谐、统一及秩序感，一些斑斓物象本身就映衬着色彩构成理论中的各种对比与调和关系，自然色彩许多是经过不断的物质进化而形成的，这些色彩组合一方面能反映出物种和性别的差异，另一方面则是出于防卫或警示的生存需要。我们必须多留心，通过观察和分析，去探索和发现它们独特的色彩规则，通过解构和重构，把这种大自然的色彩美彰显出来，并从中吸取养料，积累配色经验。

在色彩重构过程中我们提取原作中最具本质特征的色彩组合单元，按照一定的内在联系与逻辑进行重新构建，组合成一个新的色彩画面，称之为色彩的同质异构。其异构同质特点就是人们看到重构图案化的

新整合画面后，仍会下意识地联想到一些画面，并迫使眼球辨别二者之间的异同。

1. 传统色彩的分解组合

所谓传统色，是指一个民族世代相传的、具有鲜明艺术代表性的色彩。以传统色彩作为主题，通过解构传统色彩向传统色彩艺术学习，目的是从传统色彩风格中获取创作灵感。传统色彩典范凝聚着古人对色彩规律探索的经验与智慧，如果将视点移到这些传统色彩上，就会惊奇地发现，我们的祖先在漫长的历史长河中，所创造并沉淀下来的色彩组合与色彩构成教学中的对比与调和规律有何等相似之处。借鉴传统色彩，将本土传统文化和西方色彩构成理念融会起来，引导学生观察那些过去他们曾熟视无睹的色彩搭配，唤起他们对传统色彩的集体无意识，帮助他们认识中国传统色彩的美学特征，可以提升我国现代色彩设计中的精神内涵，从而继承传统为当代设计服务（图2-34）。

（1）**中国"原色"——五行五色。**在中国传统色彩

图2-34
传统色彩

文化中，我们的祖先很早就提出了中国"原色"——"五行五色"说，并形成了中华民族独有的色彩原色观念，有所谓"色不过五，五色之变，不可胜观也"。阴阳五行说中所谓的五色是由黑、白和红、青、黄构成，而当代西方的色彩三原色为"色光三原色"（RGB）：红、绿、蓝和"色料三基色"（CMY）：青、品红、黄。中国的青色介于蓝与绿之间，故实际上是红、黄、绿、蓝四色，从某种角度看也涵盖了色光和色料三原色。相比之下，我国的五行"原色"还多了黑白两色，也就是包含了有彩色和无彩色两个部分。例如故宫三大殿中的中和殿，呈现在眼帘上部的是碧蓝色的天空，蓝天下是金黄色的琉璃瓦屋顶，屋顶下是蓝绿色调的斗拱及彩画装饰的屋檐，屋檐下是成排的红色立柱和门窗，整座宫殿坐落在白色的汉白玉台基之上，台基下是暗灰色广场地面砖。中和殿单体建筑本身就采用了黄（琉璃瓦）、青（斗拱及彩画）、红（立柱和门窗）、白（汉白玉台基）和黑（暗灰色地砖）五行五色的组合。古人很早就发现了补色能够互相映衬的视觉残像规律，而将其运用在宫殿建筑中造成了强烈的色彩对比，给人以极其鲜明的色彩感染力，体现了中国人的色彩智慧。

（2）京剧脸谱。中国京剧脸谱是中国传统文化现象中一个非常重要的组成部分，有着深厚的文化内蕴，京剧脸谱的色彩中折射着中国传统色彩文化的许多方面，是传统色彩中的杰出代表。中国的京剧脸谱基本上也是利用五色来创作的。脸谱是在演员面部所勾画出的特殊图案，是利用流畅的线条和艳丽的五色来表现人物的类型和性格特征。京剧脸谱，反映出中国人对颜色的独到理解和偏好，其设色组合具有特定的象征意义。京剧脸谱作为一种戏剧的化妆方法，最早可追溯到远古图腾时代，春秋时期出现了用于祭祀的面具，至唐宋发展了化妆涂面，形成明、清时期的脸谱。京剧中的角色行当为"生""旦""净""丑"，最初是用于表现人物的社会地位、身份和职业，后来逐渐扩展到表现人物的品德、性格和气质等方面，通过脸谱对剧中人物的善恶、褒贬的评价便一目了然了。脸谱化妆变化最多的是"净""丑"角色，其夸张的色彩与素洁的

图2-35
京剧脸谱

"生""旦"化妆形成对比。

中国京剧中的人物造型是非写实的，突出脸谱的装饰性特征，因此脸谱首先要"离形"，就是不拘于现实生活中人脸的自然形态，大胆使用鲜艳的原色，强调夸张对比，以达到鲜明生动、醒目传神的效果。我们在解构京剧脸谱时要侧重在形态的分析上，要抓住脸谱的一些局部特征，再运用"离形"手段加以对比色进行夸张变化，从而组织出一幅幅象征国粹精髓的色彩画面（图2-35）。

在对传统色彩的分解组合学习中，不仅仅学到了传统色彩的搭配方法和用色规律，更重要的是了解博大精深的中国传统文化，从而激发我们的创作灵感，做出更好更优秀的作品。

二、色彩的提取整合

五彩缤纷的色彩装扮了整个世界，我们在生活中尽情地享受着色彩的恩惠。不论是绘画色彩还是设计色彩，探其来源，不外乎三个方面：一个是取之不尽、用之不竭的自然色彩的启示；一个是现代色彩科学理论体系；还有一个就是对传统艺术和其他艺术色彩形式的借鉴。

（一）取之不尽、用之不竭的大自然色彩

一年四季中的春夏秋冬，绚丽芬芳的大自然无不

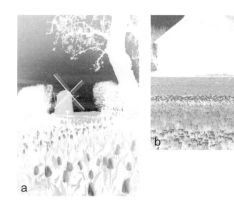

图2-36
大自然色彩

闪烁着灿烂的光彩。云雾缭绕的崇山峻岭，波光粼粼的江河湖泊，万紫千红的花木园林，光彩夺目的鱼虫贝壳，美妙绝伦的珍禽羽毛，在这里，色彩对渲染自然美起到了举足轻重的作用。在这种情趣盎然、丰富多彩的大自然中，无论是色彩的对比、明暗层次，还是面积比例等都搭配得如此和谐与统一，自然之美的无穷魅力使人倾倒和臣服。设计师正在进一步深入大自然并在大自然色彩中捕捉艺术灵感和吸收艺术营养，从而开拓新的色彩创意思路。缤纷的大自然随时令的更替、色光的变化而时时刻刻变换着装束。春天的色调是青春焕发的少女，夏天把少女推向成熟与饱和，秋天似浓妆艳抹的贵妇人，冬天则银装素裹分外妖娆。随着现代科学技术的迅猛发展，人们的视野开始延伸，对自然色彩的视野已扩大到离我们十亿光年的宏观宇宙和肉眼看不到的微观原子中。自然的色调瞬息万变，展示了色彩美的自然属性，为创造色彩美感奠定了物质基础。受大自然的启示，向大自然索取色彩，在大自然中提炼色彩美感，并运用其规律实现自然属性与社会属性的统一，那么，色彩设计的思路和创意便会无限广阔（图2-36）。

（二）对传统艺术和其他姊妹艺术色彩表现形式的借鉴

不论是中国传统艺术形式还是国外的传统艺术形式，都是历代艺术家勤奋实践的结晶，不但积累了丰富的色彩搭配技巧和经验，而且总结了许多色彩应用的规律及法则。从埃及壁画、中国敦煌壁画到日本的浮世绘以及欧洲的教堂天顶画，都各自形成了具有本民族特色的色彩艺术风格，这一切无不闪烁着历代艺术家的聪明与智慧。19世纪，西方各种艺术流派不断涌现，传统的用色法则受到挑战，写实的、装饰的、夸张的、抽象的艺术风格作品各放异彩，特别是超现实主义艺术、波普艺术、装置艺术、行为艺术的出现，对丰富设计色彩的表现起到了极大的推动作用。传统艺术和其他姊妹艺术色彩与现代艺术设计色彩的结缘，使现代艺术设计的色彩表现风格更加完善化和多元化（图2-37）。

（三）设计色彩的提取

在进行视觉传达设计时，我们会经常用到PS、AI等设计软件，我们可以使用吸管工具将喜欢的色彩提取出来，顺序是由大块色到小块色，对于所提取出来的色彩顺序进行一个归纳和总结，形成自己的一套用色体系。所谓大块色就是看到面积最多的颜色，即随意一瞥就可以看到的颜色。为形成对比，每块颜色都要从像素中分别提取出来，形成深、中、浅三色。

但应注意的是，取样颜色时应逐步进行，先依照色相将所有的颜色排列好，去掉近似色。最后得到的规律定会令你惊喜（图2-38）。

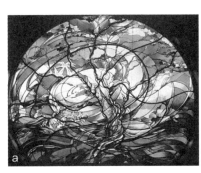

图2-37
传统艺术色彩借鉴

图2-38
学生郝文莎奥运招贴制作

1. 计算机设计的色彩特征

（1）特点。色彩特征是一种全局特征，描述了图像或图像区域所对应的景物的表面性质。一般色彩特征是基于像素点的特征，此时所有属于图像或图像区域的像素都有各自的贡献。由于色彩对图像或图像区域的方向、大小等变化不敏感，所以色彩特征不能很好地捕捉图像中对象的局部特征。另外，仅使用色彩特征查询时，如果数据库很大，常会将许多不需要的图像也检索出来。色彩直方图是最常用的表达色彩特征的方法，其优点是不受图像旋转和平移变化的影响，进一步借助归一化还可不受图像尺度变化的影响，其缺点是没有表达出色彩空间分布的信息。

（2）常用的特征提取与匹配方法。

1）色彩直方图。其优点在于：它能简单描述一幅图像中色彩的全局分布，即不同色彩在整幅图像中所占的比例，特别适用于描述那些难以自动分割的图像和不需要考虑物体空间位置的图像。其缺点在于：它无法描述图像中色彩的局部分布及每种色彩所处的空间位置，即无法描述图像中的某一具体的对象或物体。

最常用的色彩空间：RGB色彩空间、HSV色彩空间。

色彩直方图特征匹配方法：直方图相交法、距离法、中心距法、参考色彩表法、累加色彩直方图法。

2）色彩集。色彩直方图法是一种全局色彩特征提取与匹配的方法，无法区分局部色彩信息。色彩集是对色彩直方图的一种近似，首先将图像从 RGB 色彩空间转化成视觉均衡的色彩空间（如 HSV 空间），并将色彩空间量化成若干个柄。然后，用色彩自动分割技术将图像分为若干区域，每个区域用量化色彩空间的某个色彩分量来索引，从而将图像表达为一个二进制的色彩索引集。在图像匹配中，比较不同图像色彩集之间的距离和色彩区域的空间关系。

3）色彩矩。这种方法的数学基础在于：图像中任何的色彩分布均可以用它的矩来表示。此外，由于色彩分布信息主要集中在低阶矩中，因此，仅采用色彩的一阶矩、二阶矩和三阶矩就足以表达图像的色彩分布。

4）色彩聚合向量。其核心思想是将属于直方图每一个柄的像素分成两部分，如果该柄内的某些像素所占据的连续区域的面积大于给定的阈值，则该区域内的像素作为聚合像素，否则作为非聚合像素。

2. 色彩搭配的"联想法"与"提取法"

凡是出现在自然界里的色彩组合，都不会出错。那是最自然和谐的色彩搭配。其实设计师们的配色灵感也都是来自于自然界的色彩。

举个例子：如果你现在特别想穿一条紫色的裤子，却不知如何搭配，那就在脑子里想，自然界里，什么东西的颜色是紫色呢？

如果第一反应是葡萄，好了，那就继续联想吧——葡萄藤是棕色、葡萄叶可能是绿色、黄色、黄绿色，甚至仅深浅色调就能分出N多种；成熟的葡萄是紫色、但是也有些葡萄是紫红色，甚至深粉色，青涩的葡萄是绿色。葡萄籽是米黄色……这些所联想到的色彩，它们全都是"紫色"的好搭档，你简直数都数不过来。

自然界的很多东西，都能成为你色彩搭配的灵感之源，就看你会不会"联想"了。如果你说你的联想力特别差，那么你还可以试试色彩"提取法"。

什么叫色彩"提取法"呢？

找一些你喜欢的、看着顺眼的画作、摄影作品、模特照片，观察这些图片中的色彩，看看有哪些主要的颜色？把它们一个个罗列出来——这就是色彩提取法。

你所提取的颜色，不一定是要模特衣着上的，你可以提取背景的颜色、地板的颜色、角落阴影的颜色等，总之，只要是图片里的颜色。这样坚持下去，提取生活中的不同色彩，是学习配色的基础，同时也能形成自己的一套色彩搭配体系，这些颜色就可以作为你日常穿搭中的配色，这样简洁明了，你也不用花尽心思去联想了。

不过，当然，你所用来提取颜色的图片，也是需要讲究的，不要随随便便一张网上的照片，就拿来提色。你最好找一些名画、优秀的摄影作品、优秀的杂志模特图来作为色彩提取的蓝本。因为这些优质的画面，都是艺术家、摄影师经过经心配色、光影调整的，从这类画面中提取的色彩组合，才会更美丽、更和谐。而那些随便从网上摘下来的照片，可能就缺乏色彩美感了（图2-39）。

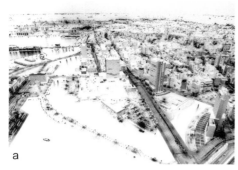

图2-39
色彩的提取法

三、色彩的互换

何为"色彩的互换"？色彩互换就是将两种色彩在照片或图像上进行互换，比如设置了蓝色和红色的互换，原来呈现蓝色的物体，互换颜色之后，在照片上就呈现出红色的，具体互换的颜色可以自己设置。在PS中色彩的互换方法有三种。

1. 将整个图层互换颜色

步骤如下：

（1）选择要填充的图层。

（2）编辑—填充—点击使用后面的下拉三角。

（3）点击颜色，进入拾色器。

（4）选择颜色后，点击确定。

2. 用在证件照背景和后期调色上

步骤如下：

（1）打开photoshop，载入图片。

（2）选择图像—调整—替换颜色。

（3）在图片上点击需要替换的颜色，调动颜色容差，黑白图片会随着变动，白色的就是会变动的部分。

（4）选好颜色后，拖动下方的色相，颜色就开始变动了。也可以相应地改变一下对比度和明暗度。

（5）将色相、对比度和明度调到一个适合的值后，点击确认，图像物体就实现了色彩的互换。这个方法，用在证件照背景上，是非常好用的，如果拍摄的时候对衣服的颜色不满意，也可以后期进行调色。

3. 对整张图片进行色彩互换

步骤如下：

（1）选择—色彩范围，选中你要修改的颜色。

（2）点击选择，储存选区，这个步骤是将替换的

颜色范围都存起来。

（3）之后将该图层复制，去色，变为黑白。

（4）调整不透明度，到一个你认为可以的半透明程度，或者调解对比度也可以，总之就是让这层弱化一点。

（5）载入选区，alt+delete填充（填充颜色为前景色，所以要先调整前景色的色相）。

（6）把该图层属性调整为正片叠底，这样也可以弄出比较好的颜色效果，但是画面会偏暗，发灰，可以合并图层后，调整对比度和曲线。

4. 色彩的配色

色彩配合采用对比互补色相组合，具有饱满、生动的情感，使色彩达到最大鲜明程度和强烈的刺激感觉，从而引起人们视觉地足够重视。如色相环上间隔120°左右三色——红、黄、蓝，180°左右色——红、青、绿、黄、青紫、蓝、橘红等。

色彩的绚丽与否不在于所用色彩种类的多少，而在于有规则的配合。色彩配合好比曲谱，没有起伏节奏，则平板单调。而过分刺激的配合容易使人精神紧张，焦躁不安。过分暧昧的配色由于接近模糊，同样容易使人产生视觉疲劳。在色彩应用时要注意面积大小、色彩主次、均衡呼应、层次等关系。色彩的和谐的感觉与其面积的大小也有很大的关系。同一组色彩面积大小不同，给人感觉就不一样。在用色时各色切忌均匀，应根据主题分出主次关系，否则在布局上色彩显得空虚发闷。应调剂色彩掌握均衡关系，有节奏地彼此相互连接、遥相呼应，并且可以运用统一的单一色为主，将整个构图的色彩融为一体，从而构成和谐和统一的色彩整体。

所有的物体都不能无视色彩的影响。失败的配

色，可能会使所有的努力化为泡影，所以配色具有非常重要的力量。色彩所具有的力量究竟有多大，读者必须要清楚这一点。如果色彩很糟糕，即使内容上乘，也总觉得拿不出手。所谓色彩的力量，就是给人以想象的力量。这意味着色彩会影响人们的心理。如果了解了什么样的色彩会给心理以怎样的影响，那么大家就可以进行有效的配色了。

设计师在使用色彩时不会仅仅使用一种色彩。虽然印刷中有所谓的单色印刷，但是纸也是有色彩的，也就是说，即使是单色印刷，看起来也是具有两种颜色的效果。将两种以上的色彩进行组合使用，这称为配色。在设计中，设计一种色彩的色彩心理，是应用配色的心理。配色和心理的关系，换种说法就是配色和意象的关系。

（1）**版面设计配色基础。**在版面设计中，配色并不是用同一种意象把整体都计划在内，而是要分成各组，使得各组的配色意象发生各自不同的变化。其中最基本的，是让读者不要生厌，带来新鲜和刺激的东西。但是，在页数很少的情况下，如果统一于一种意象中，便会具有强烈的冲击力（图2-40）。

基本方法有三种。其一，吸引人的目光是很重要的。一般来讲，在引人注目时使用具有强烈引诱性的颜色（暖色系）。但是，在底子没有颜色时，冷色系也可以提高视觉吸引力。其二，在展开页面中，采用使心情变得愉快的配色。其中色调和明亮度的反差影响很大。其三，利用色彩将整体的意象统一起来。

（2）**意象与色彩的关系。**在设计工作中，设计师首先要决定宣传册的立意，由此来选择配色的意象。在最初的阶段，意象用笼统的语言来表达，然后再将其置换为可视化的语言。设计师可根据色彩意象一览表来确定整体的色调（图2-41）。

色光源于电磁波，所以可以在脑中形成意象，进而对人施加影响。色彩与意象的关系并不是抽象的感觉，而是数字性的，很直接的关系。

利用这种直接的关系，设计师们可根据色彩意象一览表进行配色。决定了意象，也就决定了整体的色调。也就是说，在设计工作中，确定什么样的意象，是优先于所有其他事项的。

图2-40
版面设计配色基础

图2-41
色彩意象

（3）**配色的要点。**调色板上的色彩，对谁而言都是同样的颜色。从中选择使用的色彩，进而进行配色，则属于个人的事情。但是，有一些要点能更好地提升效果：

字符大小当然会影响到文字阅读的难易度，但是色彩的可读性对其影响也是很大的。在白底儿上的黄色字符是看不清楚的。

色彩具有吸引人目光的引诱性。暖色系的引诱性很强。在想要突出的地方应使用引诱性高的色彩。

从整体上看，当色彩单调的时候，配上少量与画面整体色彩（基色）相反的色彩，会使画面更加生动（图2-42）。

当想要向对方灌输自己最希望的色彩（对企业来说就是其公司的颜色）的意象时，将那种色彩作为重点色彩来使用，但是，如果公司和企业有自己统一的一套VI视觉形象系统，设计师则应该严格按照VI系统

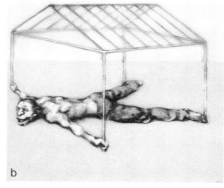

图2-42
配色要点

上面的颜色进行设计和说明。

（4）色彩意象一览表的利用。颜色就是光，是电磁波，其最小的单位为光子（基本粒子）。此基本粒子由能量、时间和数量三者构成（图2-43）。

能量、时间与意象具有密切关系，一览表就是基于此而完成的。纵轴为时间，横轴为能量，各种意象被分配在一览表中恰当的位置上。从这些意象中，设计师可以选择构成它们的色彩调色板。

根据所描绘的意象在这个一览表中所在的位置，设计师就可以知道它所具有的性质。

沿纵轴越向上越年轻，代表未来。越向下越枯竭，代表过去。沿横轴方向越向左能量越强，越向右能量越弱。时间轴的中心点为现在，能量的最自然的状态是纯色。

（5）色彩搭配。变化配色的色调，控制意象的性质，这称为色彩的搭配。比如说，在某种色彩中加入白色，就变得年轻；加入黑色，就变得陈旧。从色彩调色板中选择颜色进行配色的方法称为"色彩协调"（图2-44）。

（6）化妆颜色的深浅调配。一般化妆盒中的颜色不是十分齐全，化妆师还要懂得利用现有的颜色相互调配，得到自己所需的颜色。颜色调配有一定的规律可循：

在美容化妆中，一般不用单纯的三原色。而红色多用暖色调中的变色和间色，如粉红、桃红、棕红、玫瑰红等。眼影色彩是化妆品中最丰富的，一般生活化妆常用咖啡色、蓝色、紫红色、灰色、橘色、黄色、粉红色、绿灰色等，这些色彩的特点是色彩的饱和度较低，使眼睛充满动感且显得十分柔和。深褐色的眼影可用蓝色加棕红色调配而得。要使红色变深，可加上棕色或褐色，但不要加黑色，黑色会使红色显得灰而脏。

唇膏的颜色主要以红色调子为主，如大红色、玫瑰红、砖红、桃红、棕红，这些颜色既能修饰唇色，又容易与面部整体和谐统一（图2-45）。

在化妆中，肉色也是较常用的颜色。如粉底色、粉饼色、粉条色，用于改变肤色深浅不同的肉色。黑色与白色也常用，画眼线、涂睫毛、描眉等都离不开

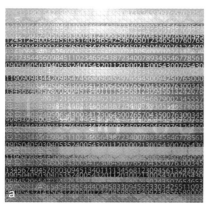
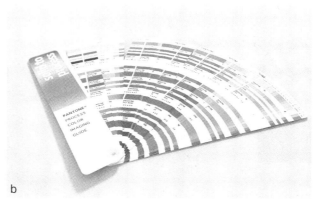

图2-43
色彩意象的利用

图2-44
彩色搭配

图2-45
化妆颜色调配

黑色。白色则作为一种增加色彩明亮度的调和色。白色唇膏使用后唇不会出现干裂，且具保湿效果。若胭脂颜色太深，不适宜日间化妆时，可加进一些白色眼影进行调和。若胭脂太浅，则加进褐色眼影粉可使胭脂色泽加深。

当需要使某个部位突出或显得明亮时，可以在原来的颜色中加少量的白色和淡黄色。如用淡粉红色加一些白色和黄色，涂于鼻梁上，可使鼻梁挺直，但亦要注意与面部皮肤色调的统一。

关于色彩的配色方法，还可以从电影海报、户外广告、摄影作品、建筑设计、电视广告等地方看到，灵感源自生活，来源于我们对于生活点点滴滴的积累与发现。

四、平面设计之色彩的基础知识

（1）红色的色感温暖，性格刚烈而外向，是一种对人刺激性很强的色。红色容易引起人的注意，也容易使人兴奋、激动、紧张、冲动，还是一种容易造成人视觉疲劳的色。

1）在红色中加入少量的黄，会使其热力强盛，趋于躁动、不安。

2）在红色中加入少量的蓝，会使其热性减弱，趋于文雅、柔和。

3）在红色中加入少量的黑，会使其性格变沉稳，趋于厚重、朴实。

4）在红中加入少量的白，会使其性格变温柔，趋于含蓄、羞涩、娇嫩。

（2）黄色的性格冷漠、高傲、敏感，具有扩张和不安宁的视觉印象。黄色是各种色彩中最为娇气的一种色。只要在纯黄色中混入少量的其他色，其色相感和色性格均会发生较大程度的变化。

1）在黄色中加入少量的蓝，会使其转化为一种鲜嫩的绿色。其高傲的性格也随之消失，趋于一种平和、潮润的感觉。

2）在黄色中加入少量的红，则具有明显的橙色感觉，其性格也会从冷漠、高傲转化为一种有分寸感的热情、温暖。

3）在黄色中加入少量的黑，其色感和色性变化最大，成为一种具有明显橄榄绿的复色印象。其色性也变成熟、随和。

4）在黄色中加入少量的白，其色感变柔和，其性格中的冷漠、高傲被淡化，趋于含蓄，易于接近。

（3）蓝色的色感冷静，性格朴实而内向，是一种有助于人头脑冷静的色。蓝色的朴实、内向性格，常为那些性格活跃、具有较强扩张力的色彩提供一个深远、广阔、平静的空间，成为衬托活跃色彩的友善而谦虚的朋友。蓝色还是一种在淡化后仍然能保持较强个性的色。如果在蓝色中分别加入少量的红、黄、黑、橙、白等色，均不会对蓝色的性格构成较明显的影响力。

1）如果在橙色中黄的成分较多，其性格趋于甜美、亮丽、芳香。

2）在橙色中混入小量的白，可使橙色趋于焦躁、无力。

（4）绿色是具有黄色和蓝色两种成分的色。在绿色中，将黄色的扩张感和蓝色的收缩感相中和，将黄色的温暖感与蓝色的寒冷感相抵消。这样使得绿色的性格最为平和、安稳。是一种柔顺、恬静、优美的色。

1）在绿色中黄的成分较多时，其性格就趋于活泼、友善，具有幼稚性。

2）在绿色中加入少量的黑，其性格就趋于庄重、老练、成熟。

3）在绿色中加入少量的白，其性格就趋于洁净、清爽、鲜嫩。

（5）紫色的明度在有彩色的色料中是最低的。紫色的低明度给人一种沉闷、神秘的感觉。

1）在紫色中红的成分较多时，其具有压抑感、威胁感。

2）在紫色中加入少量的黑，其感觉就趋于沉闷、伤感、恐怖。

3）在紫色中加入白，可使紫色沉闷的性格消失，变得优雅、娇气，并充满女性的魅力。

（6）白色的色感光明，性格朴实、纯洁、快乐。白色具有圣洁的、不容侵犯性。如果在白色中加入其他任何色，都会影响其纯洁性，使其性格变含蓄。

1）在白色中混入少量的红，就成为淡淡的粉色，鲜嫩而充满诱惑。

2）在白色中混入少量的黄，则成为一种乳黄色，给人一种香腻的印象。

3）在白色中混入少量的蓝，给人感觉清冷、洁净。

4）在白色中混入少量的橙，有一种干燥的气氛。

5）在白色中混入少量的绿，给人一种稚嫩、柔和的感觉 。

6）在白色中混入少量的紫，可诱导人联想到淡淡的芳香（图2-46）。

五、设计色彩的配色方案

设计色彩的整体效果，需要醒目而具有个性，第

图2-46
白色配色要点

一，能抓住消费者的视线；第二，通过色彩的象征能够产生不同的感受，达到其目的。基于这种特征，设计色彩以企业标准色、品牌形象色，以及季节的象征色、流行色等作为主调，采用对比强的明度、纯度和色相的对比，突出设计品的形象和底色的关系、突出设计品和周围环境的对比。

设计品主要形象的色彩与画面的主调有着很大关系，对色彩的搭配而言，主要形象应更具有纯度高、对比强烈，具有前进性的感觉，努力使消费者第一眼就能清楚地看到他。而次要色彩则要保持协助的关系，色彩关系上不应当超过主要形象，以免造成设计品的多中心，而分散观者的注意力，形成盲目杂乱之感。设计者要胸怀大志，让局部服从全局，有条理有意识地引导观者的视线，制作一张成功的广告作品。

为了便于把握色彩形象与底色的强弱关系，现引用下面一张关系表供做参考。

底色	对比由强渐弱
黑	白、黄、枯黄、朱红、玫瑰、湖蓝、中绿
红	白、黄、绿、湖蓝、群青、金
黄	白、绿、湖蓝、钴蓝、中绿、紫
绿	白、黄、红、黑
蓝	白、黄、红、黑
紫	白、柠檬黄、淡橘色、浅绿、湖蓝
金	黑、红、白
银	黑、蓝、红、绿、橙、白

图2-47
设计色彩的配色

这张对比秩序表，标明了在常见的设计品底色上，形象对比由强到弱的关系。这种对比不仅仅在于色彩明度的关系，也包括了色相的关系。但是如果作为标准色的底色明度有所变化，那么对比关系的顺序就要重新安排了。在普蓝的底色上，白色最显眼，但是用浅蓝，那么就要数黑色对比最浓了。

在这张表中，我们能看到白、黑色往往起着很大的作用，这是因为两者都是无彩色，能够和各种色彩和平相处，同时又是明度上的极色，能够起到对比醒目的作用。

所以我们要善于处理好以上这些关系，联系到具体的设计品。合理地采用企业标准色、品牌形象色和季节色彩，运用形式美法则中对称、平衡、节奏、韵律、渐变、透叠等基本手法，恰到好处地表现主题。但有时为了在同类商品中突出自己，一反以上色彩，也能取得很好的效果（图2-47）。

六、配色的小技巧

（1）黑、白、金、银、灰色都是无彩系，能和一切颜色相配。

（2）与白相配时，应仔细观察白偏向哪种色相，如偏蓝应做淡蓝考虑，黄则属淡黄。

（3）有明度差的色彩更容易调和，一般有3级以上明纯度差的对比色都能调和（从黑到白共分十一级），所以配色要拉开明度最关键。

（4）在不同色相的颜色中掺入相同的黑或白就容易调和。

（5）和谐的对比色（是下面色环上某一色对面的9个颜色）最容易得到好的效果。

（6）对比色可单独使用，而近似色则应进行搭配。

（7）要有主色调，要么暖色调，要么冷色调，不要平均对待各色，这样更容易产生美感。

（8）暖色系与黑调和，冷色系与白调和。

（9）在色环上按等间隔选择3~4组颜色也能调和。

（10）在配色时，鲜艳明亮的色彩面积应小一点。

（11）本来不和谐的两种颜色镶上黑色或白色会变得和谐。

（12）与灰色组合时，明度差不要太大。

（13）有秩序性的色彩排列在一起比较和谐。

（14）在蒙赛尔色立体中，其纵向、横向、斜向甚至于螺旋形排列都有秩序。

（15）有多种颜色配在一起时，必须有某一因素（色相、明度、纯度）占统领地位。

（16）服装搭配时应该和皮肤颜色搭配和谐，应仔细分辨自己皮肤的色相，不要仅说是肉色，要找到色相，是色环上红、橙、黄、绿、青、蓝、紫中的哪种颜色，暖色系的颜色都是有可能的，男的偏黄一点，女的偏红一点，皮肤白的也偏红一点。但大多数人是橘黄至朱红色段的，也就是略带一点灰的浅朱红到略带一点灰的浅橘黄之间的色段。这点微小的色差对配对比色来说不太重要，所以灰暗一点的冷色调能适应各种肤色，但这对近似色的调和来说是太重要了，只有与皮肤色相在色环上相差25°~43°的颜色才能调和。

CHAPTER

03

设计色彩的
应用

设计色彩是指对各种产品运用的色彩和各种应用设计表现的色彩，它强调色彩的功能性、审美性和精神性，是一种创造性思维和对色彩重新设计的创造过程，是人为的色彩。没有意念的色彩设计，无异于一具空有漂亮外表的躯壳，在最初目睹的一刻，或许会吸引住周围的目光，但观众能否长期记得这个设计，却很成疑问。只有把创作意念融入色彩设计中，整个设计才有灵魂，那些颜色才能向观众传情达意。蔡启仁先生提出疑问，为什么同样是运用那一堆颜料，有些设计可以令人久久难以忘怀，有些却只是"霎眼娇"？他忠告设计师应该认真从创作意念出发，而不要把心思全花在卖弄技巧方面。

从艺术设计的本质上讲，不但要强调设计师的个人情感，更要强调为他人服务。这就决定了艺术设计要从属于社会心理、客户心理、商品属性、工艺技术等要素，而不受自然色彩的束缚。

从信息传播角度来讲，现代设计作品中的色彩是最富于吸引力的手段之一。设计色彩可分为功能色彩、市场色彩和构成色彩。从更大意义上讲，所有的色彩设计形式都可分为规律性色彩设计、情感性色彩设计和主题性色彩设计。不论是哪一类的色彩运用或者是结合运用，都必须为设计的主题概念服务，也就是说设计色彩是合目的性的，是有用的。因此，设计色彩所表现出的使用功能，是它与其他艺术色彩形式最主要的区别。

总之，设计者运用设计色彩的主要目的是吸引观众的注意，唤起观者的情感，给人以真实、良好的印象。通过色彩塑造或形象配合达到宣传设计主题的目的。

第一节

视觉传达设计色彩

设计色彩在视觉传达设计中的地位不可忽视，它广泛运用于标志设计、书籍装帧设计、广告招贴设计、商品包装设计等各种类型的设计中。视觉传达设计是由色彩、图形、图案三大要素构成的，图形和图案都不能离开色彩的表现，色彩的传达从某种意义来说是第一位的。在视觉传达设计中应用色彩时，必须考虑色彩的象征意义，这样更能突出主题，增加表达内涵。

由于现代社会人们的生活节奏大大加快，各种大众传媒迅速发展，使得现代人每天都能接触到大量的视觉设计信息，因此视觉传达设计越来越受到广大媒体的重视，而色彩作为视觉传达设计的一个重要元素，它无时无刻不显示其在艺术设计中的作用和力量。

在进行艺术设计的过程中，艺术家和设计师在对视觉传达设计研究的同时，也离不开对色彩的研究。他们研究的目的就是为了给人们提供美的享受，满足人们对设计美的需求，在这样的背景下，色彩艺术在视觉传达设计中的重要作用不容忽视，因此，设计师应如何把色彩艺术恰到好处地运用到视觉传达设计当中，这将成为一个新的热点。

一、品牌标识的色彩运用

现代社会，人们的生活节奏大大加快，各种传媒迅速发展，我们每天都能接触到大量企业标志或商品商标标记。这就要求标志要有强力的识别性和高度的识辨性，使公众在众多标志中能够把注意力集中在这一标志中，在最短的时间里对它印象深刻。因此，如果说包装色彩是在营销第一线接触、吸引公众的重要因素，那么标志色彩是"最集中、最恒定"的色彩识别因素。不管包装设计怎样变化，标志的色彩是相对稳定的，因此，在标志设计中采用标准色，不但能够起到吸引消费者注意力的作用，而且还可以增强公众的记忆力，从而使消费者对该标志留下深刻的印象，并进一步熟悉记忆，引发联想，产生感情定势，建立消费信心。

许多全球著名的标志都是通过标志色彩明快、醒目的视觉特征与象征力量给人留下深刻的印象的。在当今传播媒体与资讯都极为发达的时代，色彩凭借其自身的独特魅力，在信息传播的过程中扮演着举足轻重的角色。

色彩是品牌的属性之一，也是产品最重要的外部特征。色彩对企业品牌有着重要的意义，它不但能很好地促进消费，帮助消费者选择产品，提升品牌附加值，更推动着企业品牌的成长。一个成功的标志要有精雕细琢的细节，但也应该是简洁明了的色块组合，能既快速又准确地传达企业理念及品牌价值。色彩在标识设计中主要从色彩的运用与对比、色彩的大小和形状、色彩的位置三方面来打造一个成功而有力的标志。通过标识设计来提高企业的形象竞争力，必须要建立自己的整体CI推广系统，使自己标志形象成长为一个成功的品牌。

成功标识的色彩要同信号一样，具有高度的识辨性，在最短的时间给人留下最深刻的印象（图3-1）。

标志色彩设计讲究识别性和记忆度，强调要以最少的色彩来表现最为深刻而丰富的含义，以达到准确快速地传达企业信息的目的。因此，标志色彩设计常运用色彩饱和、记忆度高、易于推广与制作的单色来取得简洁明快的效果，也可以在此基础上加以黑、白等无彩色的点缀，从而取得生动又不失稳重的效果，还可以通过画龙点睛的色彩变异手法来求得统一中的变化。要想塑造个性化的标志形象，通过色相对比关系来增强标志色彩的视觉冲击力是最为有效的方法，其中视觉效果最为突出的就是明快、活泼的三原色的组合搭配。

作为企业机构指定的标准色，标志色彩体现了企业的理念和文化，它常常被运用于企业的视觉传达设计所有的媒体当中。在企业信息传递的整体色彩系统中，具有个性的、科学的和系统的标准色拥有强烈明确的视觉识别效应，成为实现企业经营策略的最有效工具（图3-2）。

1. 品牌标识系统性概述

在现代商品世界中，标志色彩的神奇力量我们到处都能感受到。我们在观察色彩的时候，每个人都会有自己的理解，它会引起人们对周围生活经验以及环境的联想，这就使色彩有了冷暖感。暖色以红色、橙色、黄色为主，给人以温暖、惬意和欢乐之感，它能够吸引人们的注意力，使人们快速识别标志。

（1）标志的概述。品牌标志作为一个品牌给予消费者的第一浓缩印象，需要呈现的是代表品牌特质的形式感。它作为标志之一的最原始、最基本，以及最长久的特性，其首要职责便是作为一个符号来代表一个品牌，这是它的象征性。它的识别性，是指不同品牌标志之间的相互区别，包括形式上、色彩上、意义上的区别。其持久性，是指品牌在一定阶段甚至较长阶段需要对消费者保持统一的品牌标识，以加深加固品牌印象。其准确性，是指品牌标志作为一个在众多场合以符号的特性来代表整个复杂品牌系统的直观形象，需要有效地表达品牌内容及精神。艺术性，是品牌标志最具有现代意义的特性，它不仅是品牌自身发展的需要，也是时代和文明进步的需要，更是品牌对

a

b

c

图3-1
现代品牌设计

a

b
COASTLINE
重庆海岸线广告有限公司

图3-2
学生张嘉毓设计作品

于消费者审美心理的探索与满足。

（2）**标识的概述**。标识相对于标志来说是更为广泛的概念，它不仅包括平面具象的标志，也包括品牌设计中一些对品牌带有指向性、代表性，同时区别于其他品牌的元素。品牌的标识具有相对广泛性，依照品牌本身产品、业务、性能的不同，标识的形式也各有不同，它可以是一个图形，一种颜色，一种材质，甚至是一种造型，其承载物也随之不同。所以标识在不同的领域中，它的表现方式会有所不同，在汽车品牌中，材质和造型较可能成为品牌重要的标识，而在服饰品牌中，颜色和面料会成为品牌的重要标识。

品牌的标识具有相对象征性，是相对品牌标志的唯一象征性而言的。品牌标志因受法律保护而不得被其他品牌擅自使用，但品牌标识中的元素则不完全受法律保护，除了已申请专利的品牌标识之外，其他已被消费者认知与认可的品牌标识在商业法律中是允许被其他品牌所运用的，消费者之所以对其认可，并下意识地由此标识而联想到该品牌，就是由于此标识是由该品牌首创，或者是该品牌在同类品牌中运用得最为成功。因此相对于品牌标志而言，品牌标识更需要时间来经受消费者的考验，只有在消费群意识认可的情况下才能使其元素晋升为品牌的标识。

（3）**标识性的概述**。品牌标识性即指"品牌标识的特性"。从广度上来讲，服饰品牌的标志设计应该包含在标识设计中，且更具备引导性与典型性。因此，标识性即是指服饰品牌设计中标志设计与标识设计的一种属性统称，是区别于其他品牌的设计属性。分析一个服饰品牌的标识性设计很大程度上已经可以展现该服饰品牌综合设计上的精髓所在了。从范围上分析，服饰品牌的标志从属于标识，是标识系统的子集，是标识中的一种特殊的表现方式。由于标志的直观性、显著性，在一个服饰品牌中的运用相对比较单一且醒目，也最容易被消费者认识与接受，因此有关此品牌标志的设计就很容易成为品牌其他标识性设计的点睛之笔。

此外，标识性中也包含了标志的特性，只是标识性比标志本身特性更有广泛的包容性。标识性设计在服装品牌早期只是一种无意识行为，很大程度

上它是为了保护其商业权益而实行的自我肯定，但品牌成功之后随之而来的超出预计的商业效益又让品牌意识到了标识性设计的重要性。因此，标识性设计是随着品牌学研究的日益深入而发展壮大起来的，同时在品牌的创立和发展中发挥着极其重要的作用。在品牌创立时期，标识性设计引导品牌的定位，在品牌发展的初期，标识性设计塑造品牌的风格，在品牌长期深入发展的阶段，标识性设计则用于巩固品牌形象，而在品牌转型时期，标识性设计又成为风格转型的切入点。

2. 品牌标识色彩系统

（1）**品牌色彩的概述**。品牌最重要的目的就是辨认产品或服务，并同竞争对手的产品或服务区别开来。而品牌色彩是用来象征企业品牌或企业产品特性的指定颜色，是品牌标识、标准字体及相关宣传媒体的专用色彩。品牌色彩服务于品牌这个概念，是品牌识别符号的一部分，具有明确的视觉识别效应。企业品牌色彩理论上一般有三个主体层级，分别是：企业概念色、品牌概念色、产品系列色彩。各层级关系恰当安排，会产生有效的品牌识别效果。简单而言，企业概念色就是企业"母品牌色彩"，是整个企业的色彩概括，对企业色彩进行了浓缩，具有宣传企业形象的作用；品牌概念色则是企业"子品牌色彩"，它处于品牌与客户接触的主要界面上，随着时代的发展可以对其做出调整，相比较企业概念色而言，品牌概念色具有更大的灵活性；产品系列色彩就是具体的产品色彩应用。

（2）**标志色彩的对比运用**。色彩能焕发出人们的情感，能描述人们的思想，因此在标志设计里，与其他的设计一样，有取向的、适当地使用色彩很关键。不同的色彩运用能表达不同的性格和寓意。例如，红色可代表热情、向上、喜庆，也可代表危险、恐怖；蓝色代表宁静、崇高、深远、凉爽，但也有后退、深奥、莫测、绝望之感；黄色明快、辉煌、纯洁，给人的感觉年轻充满活力，但也有人感觉"低廉"。所以不同的色彩运用给人们表达传递的信息和感情也不一样。

标志的色彩运用应着重考虑到各种色相明度、纯

度之间的关系，探视人们对不同颜色的感受和爱好。色彩的基本要求是用色单纯，最好用一种色彩来统一图形，否则就会给人一种零乱、难识的感觉，使标志起不到应有的简洁、快速、直观的传播作用。标志色彩的配置一般有三种基本方法：一是原色配合；二是同类色配合；三是补色配合。原色配合：红、黄、蓝三种基本的颜色叫三原色。红黄混合呈橙色。黄和蓝混合呈绿色。红和蓝混合呈紫色。红、黄和蓝三色混合呈黑色。故又称为红、黄和蓝为第一色。橙、绿和紫为第二色。黑为第三色。第二色、第三色统称为混合色或配合色；同类色配合：同类色配合是通过同一种色相在明暗深浅上的不同变化来进行配合；补色配合：两个相对的颜色的配合，如红与绿，青与橙，黑与白等，补色相配能形成鲜明的对比，有时会收到较好的效果。黑白搭配是永远的经典。

色彩之于眼睛的重要性就像我们的耳朵要欣赏音乐一样。色彩能焕发出人们的情感，能描述人们的思想，因此在标志设计里，与所有的设计一样，有见地的、适当地使用色彩是备受关注的。除了色彩的心理表现外，它必须是易于识别的。作为背景色，被广泛运用在一系列的图形设计中，而且我们会看到一些在心理上能引起共鸣的著名的代表色，以及从该色彩所联想到的东西。在设计中，我们有更多的色彩可以选用，但一定要选择我们最合适的色彩。

在具体的标志设计过程中，不同的行业特点，也会影响到标志的色彩设计，我们需要根据不同行业的特点和需求，选择适用的色彩。比如：化妆品或时装行业的标志色彩，我们一般选用纯度较低的金、银、灰、黑等含蓄的色彩，它代表着时髦、时尚、内敛。在高科技信息行业的标志色彩中，我们则选用冷色系，给人以快捷、理智、冷静的感觉。而在食品行业中，我们通常选用暖色系，可以给人一种温暖感和幸福感，同时能够激发人的食欲。

标志设计的色彩内涵具有极强的思想性和超越性，色彩运用的好坏直接决定了我们的设计是否成功。作为非语言形式的标志语，能够传达的信息十分有限，因此我们需要合理地把握色彩的运用，这样才能把标志设计提升到一个应有的高度。

（3）品牌色彩的传播应用。不难发现，以IBM、可口可乐、柯达为例，它们在色彩的使用上不单单强调消费者购买，及使用其产品时的感觉、感受，更强调它们与竞争品牌在视觉形象上的区别，以强化品牌概念、文化、精神，色彩完全可以上升为品牌识别符号。而且，品牌还可以赋予这一符号深刻的品牌文化内涵和动人的品牌故事。品牌形象色彩产生最根本的动机就是为了满足两种需要："消费者需要品牌形象，经营者需要品牌资产"。由此可见，色彩作为品牌识别符号（即企业品牌概念色）传播价值、文化、精神内涵；色彩作为产品外观视觉感知条件，吸引人们关注，尝试着挖掘人类的占有欲；而企业品牌概念色能够为产品色彩提供支持和保证（图3-3）。

3. 品牌色彩的特殊需求

在现代设计理念，和经济全球化的背景下，商品设计包括品牌竞争在内，正趋于同质化，商品在材质、质量上区别越来越小，外观色彩区别也变得模糊。消费者面对着数十种品牌商品变得不知所措，无法做出选择，选择的价值取决于我们能感受到可选商品间差异的能力。这就要求企业品牌色彩不但要符合消费者心理诉求，还要便于消费者区分选择。企业要做到这一点，必须研究经济全球化带来的文化冲突、碰撞和人们对色彩认识的变化、情感的转变等，从而对色彩设计时带来的影响，及行业色彩发展趋势把控。

图3-3
品牌色彩的传播应用

4. 品牌色彩助推品牌设计

色彩是品牌成功的必要条件，成功商品的构成要素是多种多样的，但最能反映社会变化，直接对消费者产生影响的因素是"色彩"。就一般商品而言色彩是其基本属性之一，是与消费者沟通的先觉条件。在20世纪50年代，美国企业开始导入CI系统之时，色彩就成为非常重要的组成部分。20世纪80年代，美国的卡洛尔·杰克逊女士提出色彩营销理论，该理论的实质是根据消费者心理对色彩的选择，运用色彩营销组合来促进产品销售。

色彩推动品牌的成长没有人会怀疑它的正确性，可以肯定，色彩是品牌能否成功的关键因素之一，是品牌成功的必要条件。假如某一品牌没有优秀的、引人入胜的色彩解决方案，使人产生联想和想象，该品牌就会慢慢淡出我们的视野（图3-4）。

5. 品牌设计色彩变化趋势

目前不管是在发达国家还是发展中国家，几乎所有的设计师在做色彩设计时都是在跟着"感觉"走。而感觉色彩设计不能准确地表达思想，不能传承，不能做到信息的无损传递。为了解决这个问题，我们必须引入物理上的"量化分析"概念。色彩量化分析设计法是诞生在21世纪初的商用色彩设计系统（Business Color Design System，简称BCDS），它是国际唯一色彩量化设计系统。以前的色彩体系都只是颜色的表述与识别系统。在色彩设计体系中提及的色彩量化设计概念，以及流行色趋势的预测、发布，色彩管理等相关内容都在BCDS色彩体系中得

到拓展和延伸。因此，BCDS色彩系统的建立是商用色彩走向成熟的标志。

色彩是一般商品与消费者的首要沟通方式，基于消费者的心理诉求，企业在选定品牌识别色、产品系列色彩时采用大众选择的结果，这就形成了行业所属色彩。同一行业的不同企业品牌大多选择相似色彩，但又有不同的色彩偏好，这是一个重要规律，有重大参考价值。但是，我们不能忽视信息的重要性，不管是任何行业或企业在做色彩战略时，都应建立在充分调查的基础之上，足够精准的数据，科学的分析才是成功的保证。相信用BCDS量化分析色彩设计法整合终端并及时地进行色彩信息反馈，才是最好的企业品牌色彩策略，也终将使企业受益匪浅（图3-5）。

二、招贴设计的色彩运用

随着社会经济的飞速发展，商品竞争以及与之相关的广告竞争日益加剧。招贴作为市场营销的催化剂，是企业告知消费者企业信息与产品特质的最直接、最经济有效的手段。然而，招贴往往发布、张贴在繁华、复杂的都市环境中，较多的视觉干扰会大大地影响受众的关注度和注意力。因此，除了要有独到的创意与个性的形式外，招贴设计尤其需要通过鲜明醒目、夸张刺激的色彩语言来刺激人们的视觉神经，进而取得强烈的识别性和注目性，使其在转瞬之间迅速地传达商品的有效信息（图3-6）。

色彩作为视觉传达设计的中心要素，不但能给人

图3-4
品牌色彩助推品牌设计

图3-5
品牌设计色彩变化趋势

a b

图3-6
招贴设计的色彩语言

a

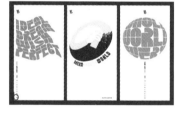

图3-7
溢彩喷漆（学生任宪文作业）

带来舒适的视觉欣赏，也能增加艺术设计的观赏性，其广泛应用于平面设计各个领域。色彩在招贴设计中有着较为重要的表现力，在招贴设计中起到的作用是其他元素不可代替的，同样色彩的表现力也是招贴设计中最为敏感和备受关注的视觉中心。任何一幅优秀的招贴作品都以自己独特的色彩语言准确又清晰地表达其视觉冲击力，以达到最佳视觉效果。

　　色彩与构成是招贴设计中的基础创作元素，色彩是招贴设计中最生动、最活跃的因素，构成也是招贴设计中划分空间和诠释空间最重要的因素，在招贴设计中，造型设计能力的培养是非常重要的，招贴设计涉及空间、色彩、文字、图形等很多方面。同样色彩与构成会对人产生物理、心理和生理的作用，利用人们对色彩与构成所产生的视觉感受进行设计创作，有一定的研究意义。鲜明的招贴色彩不仅能够刺激消费者的瞬间注意力，而且还能通过写实色彩来展现商品的真实面貌，使信息的传播更具有信服力和感染力。在信息传达时利用色彩的情感作用还有助于发挥攻心力量来刺激消费欲望。除此之外，色彩所表现的精彩画面与营造的完美意境更能够愉悦性情，使人们在了解产品和服务内容的过程中得到精神的享受。色彩的象征语言也是树立企业或产品形象的最有力手段，运用标准色进行招贴设计，对商品和企业形象的识别有着显著的强化作用（图3-7）。

鲜艳、生动、刺激的招贴色彩能够达到令人亢奋的视觉效果。如果期望以调和色调来达到醒目突出的视觉效果，就必须在同一基础上有所对比、有所突破。在把握好明度对比的前提下，运用单色设计的招贴广告也可以获得强烈的视觉冲击力和与众不同的效果。招贴设计所运用的色彩在精不在多，关键要恰到好处地运用色彩，如果色彩运用过多过杂，反而会影响它的瞩目性和识别性，削弱它的宣传力量。此外，作为都市环境色彩的一个组成部分，招贴色彩设计要想从纷繁的闹市中脱颖而出，就必须把握好与周围环境色彩相对比的原则（图3-8）。

（一）招贴设计中的色彩作用

在招贴设计中，图形、文字和色彩三大要素之间的组合直接影响着招贴设计的传达效果，经多方研究论证发现，在图形、文字和色彩这三个组成要素中，色彩所带给人们的视觉冲击力是比较显现的，当我们观察一幅招贴作品，最先传递给我们的就是其色彩表现。

1. 色彩的主要视觉表现

（1）色彩的视觉感。色彩的视觉感实际上就是由于人的视觉感受和所处条件的反映作用形成的。在现实生活中，人们往往看见黄色感觉暖暖的，看到淡蓝色感觉凉凉的，看到深蓝色或湖蓝色感觉冷冷的，这些都是色彩传递给人们的视觉感受。

（2）色彩的距离感。色彩的距离感实际上就是在一定条件下色彩的反射作用反映给人们的感受。使人们产生远近、大小、凹凸、膨胀与收缩的不同感觉。同样一个物体在不同色彩的衬托下给人产生的视觉效果就会不同。如浅色有膨胀感，深色与之相反有收缩感。

（3）色彩的尺度感。色彩的尺度感实际上就是色相与明度这两个因素影响着人们对于物体大小的知觉。暖色和明度高的物体其色彩具有扩散作用，使人们在视觉上看着它显得大些，而冷色和暗色的物体则具有内聚作用，物体就显得小些。例如有同样两个体积、大小一样的一黑一白物体，我们看白色的物体显得它大一些，黑色的则相反，这就是色彩带给我们不同的尺度感受。

2. 色彩在招贴设计中的功能体现

招贴设计是传递信息、表现内容、传达主题的一种平面设计形式，主要依靠视觉传达与受众进行交流而实现的。在招贴设计中，色彩的视觉传递作用是其他要素所不具备的，同样在招贴设计中色彩的功能和作用都是尤为重要的。色彩是招贴设计研究的一个重要方面，是使招贴设计产生视觉冲击力和感染力的重要前提。一幅成功的招贴设计作品，其色彩的完美搭配也是很重要的。在现代招贴设计中，除了利用色彩象征性地表达特定的主题外，更重要的是利用色彩之间的相互配合，创造出比较完美的色彩搭配来表达招贴主题，从而进一步提高其视觉冲击力，增强其完美的艺术效果。

色彩作为招贴设计中一种特有性质视觉表现手段，不但具有表情达意的作用，还有其固有的商业表现价值。在现代招贴设计中，一件招贴作品的成败，很大程度上取决于色彩运用的好坏。这足以证明，在招贴设计中色彩的运用与搭配是非常重要的。

3. 色彩在招贴设计中的表现

色彩在招贴设计中表现的重点是将主要色彩集中于画面中心或者比较适于表达的位置。一幅优秀招贴作品就是运用色彩强调变化，使画面色彩产生高潮，突出画面重点，准确地传达信息，发挥色彩的冲击作用，产生引人注目的效果（图3-9）。

色彩是打开和吸引视觉的钥匙，色彩产生的视觉

图3-8
招贴设计色彩

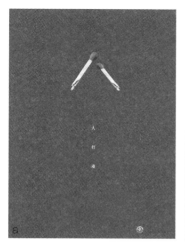
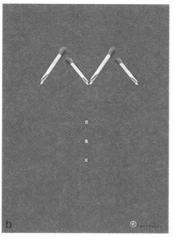
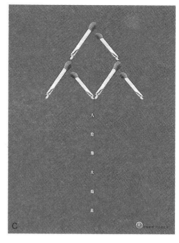

图3-9
学生郝文莎公益招贴

效果是招贴作品引人注目的第一步，也是引起受众注意的关键。色彩表现是招贴设计中的重要环节，也是加强招贴视觉传达功能的有效手段。通常设计师在创造招贴作品的时候都先注重色彩对人的心理影响和情感反映，了解人们对色彩的感受，反复地总结色彩设计、色彩搭配运用的经验，并在实践中加以运用和表现，从而创造出精彩的招贴作品。

（二）招贴设计中的色彩设计原则

一幅好的招贴设计作品，色彩的运用不是越多越好，而是侧重于如何进行色彩搭配。成功的招贴作品必然具备在色彩视觉舒适的基础上进一步提高视觉冲击力，从而进行更有效的视觉传递。所谓色彩视觉舒适就是色彩搭配舒适，不是说色彩运用的多就舒适，而是把色彩搭配好。一幅成功的招贴作品其色彩必然是极具合理性的，它必须讲究一定的色彩关系，这样才能提高视觉冲击力引起人们的注意力，进而使其具备商业实用价值（图3-10）。综上所述，色彩在招贴设计中的作用是尤为重要的。色彩本身是没有灵魂的，它只是一种物理现象，但是人们却在色彩中产生情感，这是人们长期生活在一个存在色彩的世界中，积累的不同的视觉经验，在心理上引出某种情绪。所以我们不断地观察色彩、感受色彩、了解色彩、运用色彩，使色彩能够更好地应用于设计。在招贴设计中，从实际出发，一方面注重搭配、注重表现、注重色彩的对比与调和；另一方面注重对色彩的感受、联想及其特性，要将这两方面在具体设计中综合考虑，注重各方面要素之间色彩关系的整体统一与

图3-10
招贴设计中的色彩设计原则

搭配运用，最终形成能充分体现招贴设计主题的色彩配置，进而更有效、准确地去表达招贴设计的设计思想和主题。

招贴设计中色彩配置必须符合构图的需要，充分发挥色彩对画面的美化作用，正确处理协调和对比、统一与变化、主体与背景的关系。在设计时，首先要定好空间色彩的主色调。色彩的主色调起主导、陪衬、烘托的作用。招贴设计中色彩主色调的因素很多，主要有色彩的明度、色度、纯度和对比度，其次要处理好统一与变化的关系，要求在统一的基础上求变化，这样容易取得良好的效果（图3-11）。

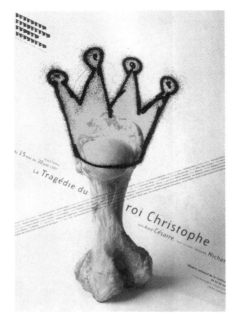

图3-11
山丘剧院戏剧招贴

（三）招贴设计中色彩的应用

一幅成功的招贴作品其色彩必然是极具合理性的，它必须讲究一定的色彩关系，这样才能提高视觉冲击力引起人们的注意力，进而使其具备商业实用价值。招贴设计离不开色彩的表现，色彩在招贴设计中表现得尤为重要。只有注重色彩对人的心理影响和情感上的反映，了解色彩的视觉语言和表现形式才可以成功地在招贴设计中运用色彩，从而创造出优秀的招贴设计作品（图3-12）。

在招贴设计中，色彩表现应以人为本，从整体上入手，把握好色彩的特性、个性，正确处理好色彩的对比与统一，积极认知、实践、开拓、利用时代的固有色，给人们带来的或亲切或温馨或有趣的情感体验，满足和平衡人们精神与心理的需要。

（四）招贴设计中的民间美术色彩

随着信息社会的发展，人类不再是单向的、一元的认识世界，而是多向的、多元的网络反馈。因而，在这个五彩缤纷的时代，需要多种文化并存，这种需求反映在色彩设计中，就使其带上浓郁的文化属性。这是我们进行设计时着重考虑色彩表现的原因所在。如文化气息浓郁的中国风格，发展到今天，已经是现代设计中不可或缺的重要内容。图案艺术一般分为传统图案和民间图案两大部分。传统图案与民间图案的风格有一定的区别，传统图案多接近于主流历史文化，而民间图案则多来自于不同的民族和地区，有一定的地域性。色彩是一切艺术设计创造的灵魂，这也是其与众不同的表现手法所在，因此一幅成功的设计作品必然存在完美的色彩搭配（图3-13）。

现代招贴设计不仅需要理念上的进步，同时也需要将创意和民族文化有效地结合起来，我国的民间美术色彩经历了长久的发展，在我国艺术设计中发挥了重要的作用，体现了先民独特的审美观念，对于现代招贴设计具有良好的启迪作用。因此，应当重视对民间美术色彩在现代招贴设计中的应用研究，在借助西方设计方法的基础上，更好地发挥我国民族文化的价值，更好地适应现代招贴设计的发展需要。

传统的民间美术色彩为现代招贴设计师提供了很多灵感，也提供了很多想象和参考。现代招贴设计作为直接面对大众的艺术形式，需要在审美等方面体现

a

b

c

图3-12
招贴中的色彩运用

图3-13
学生徐静招贴设计

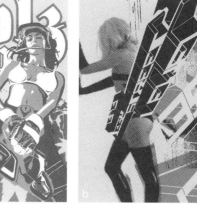

图3-14
商业广告

出认同和传承的意味。民间美术色彩和现代招贴设计的充分结合能够擦出新的火花，创造出不同的艺术风格，为设计师提供新的思路和灵感。

三、商业广告的色彩运用

随着经济的快速发展，广告媒体也越来越多，广告设计成为大面积多层次展现企业或产品形象的最有力手段，运用色彩进行全方面广告画面设计，能给公众造成统一的企业或产品感受，也对企业产品的营销具有十分重要的推动作用。

色彩在商业广告中起到至关重要的作用，它是商业广告最先吸引眼球的所在。优秀的设计师明确知道色彩运用的重要性，加强色彩的运用，促使商业广告达到良好的宣传效果，是设计师们竞相探索的领域。色彩在广告宣传中独到的传达、识别与象征作用，已受到越来越多的设计师和企业家们的重视。国外一些大公司、大企业都精心选定以某种颜色作为代表自身的形象色（图3-14）。

在广告设计中，广告色彩是种感性语言，用以增强广告的视觉效果。一般来说，色彩纯度越高，给人刺激越强，印象越明显，记忆越深，都市里各种灯箱广告上好的广告色彩，从不拘泥现实生活的自然色，才会不同凡响。色彩是市场信息和产品竞争的首要条件，因此在广告上有极强的诉求力。尤其是室外张贴的远距离广告，最重要的更莫过于色

图3-15
广告色彩

彩的刺激性。除了色彩的象征性影响着人们的感受外，还需要利用文字与图像说明的配合来充分发挥广告作品丰富的联想作用（图3-15）。

现代广告已是人们生活中衣食住行一个重要的影响因素，大家在购买生活必需品、消费品的时候，一般都会选择那些有广告、有品牌的产品，感觉这些产

品比较可靠有保障。广告的目的主要是为了推销一种产品、宣传一个品牌，让消费者接受和了解，因此广告公司的设计师们在帮客户制作广告的时候，必须将产品和市场、消费者心理结合起来。

（一）商业广告色彩的作用

色彩是商业广告表现的一个重要因素，广告色彩的功能是向消费者传递某一种商品信息。因此广告的色彩与消费者的生理和心理反应密切相关。色彩对商业广告环境、对人们感情活动都具有深刻影响。广告色彩对商品具有象征意义，通过不同商品独具特色的色彩语言，使消费者更易识别和产生亲近感，商品的色彩效果对人们有一定的诱导作用（图3-16）。

广告色彩的应用要以消费者能理解并乐于接受为前提，设计师还必须观察、总结生活中的色彩语言，避免使用一些消费者禁忌的色彩组合。

（二）商业广告色彩的设计功效

色彩是光感过程的第一类要素；而面积、形态、位置、肌理等形象的四要素是获得色彩表现的条件，被称为色彩的第二类要素；与此同时，色彩还会对人产生一定的心理暗示，产生一定联想。每一个优秀的广告作品，在色彩运用上都有着其成功之处。商业广告的色彩就像文章的标题一样，是最先闯入消费者视野的元素，其对于广告的品质有着至关重要的影响作用（图3-17）。

1. 色彩设计促进商业广告视觉冲击力

不同的色彩拥有不同的性质和意义。比如说，冷色和暖色，亮色和暗色，神秘色和自然色。例如，设计者在设计食品类的广告时，一般会使用红、橙、黄等暖色来表现水果或者食品的色香味，更能激发人的食欲，构建起购买的欲望；对于夏日凉饮，设计者一般采用蓝色系来表现清凉的感觉，试想一下，炎炎夏日消费者一眼看到蓝色系的凉饮广告，便有一种清凉的感觉，进而激发购买的欲望。消费者在远处观望广告的时候，首先映入眼帘的是整体的色彩感觉，色彩具有很强的视觉冲击力。

2. 色彩设计强化商业广告形象的宣传

在商业广告的设计中，不论是文字还是图形，都是为广告而服务的。而色彩的加入可以使文字和图形的宣传效果加倍。因为色彩可以影响人们的心理感觉，在广告设计中，恰当运用色彩的感情定位，可以引发消费者的心理联想而产生感情共鸣，诱导消费者消费行为的生成，从而使广告获得本质上的成功。色彩往往给人不同的感觉，比如，红色给人以喜庆、吉祥、温暖感；橙色是暖色中最温暖的颜色，给人一种快乐和幸福的感觉；蓝色给人一种博大、高远、平静和清爽的感觉；绿色给人以希望，是生命之色；黑色

图3-16
商业广告色彩作用

图3-17
广告色彩的设计功效

图3-18
学生薛兆作业

则有一种沉寂、干练、悲伤的意欲；白色则是纯洁可爱的象征。色彩与企业形象的结合，也成为企业的一种象征，成为企业的广告，例如一看到红色的中国结的标志，大家就会想到是中国联通；一看到黄色的"m"图形，大家就知道是麦当劳；在同种商品中，也会用到色彩来扩大差异，例如柯达是黄色、富士是绿色、三菱是红色等等。色彩的识别性，为商业广告的宣传效果起到了强化作用（图3-18）。

（三）商业广告设计中的色彩运用搭配

1. 商业广告设计色彩的商品属性

现代的商品林林总总，但也不外乎几大类，每类商品都有自己的属性和特色。比如说，餐饮食品类，常用鲜艳丰富的色调，红黄色居多，咖啡店基本以深褐色居多；医药类，常常使用单纯的冷色调或者暖色调；化妆品类一般使用脂粉中性、柔和的颜色；儿童用品常常使用颜色鲜艳的纯色调；茶类，一般都是以古香古色的感觉为主，给人一种亲切感，在视觉上让人一看就能感觉到一种心理平衡感。诸如此类，所以，我们在做广告设计时，一定要遵从商品本身的属性。

根据有关资料，对化妆品广告用黑、白色画面和彩色画面作"视觉注意力效果"的比较，结果是，人们注意黑、白色画面上化妆品的为46%，注意彩色画面上化妆品的为84%，彩色比黑、白色高出近一倍，而注意黑，白色画面上化妆品标题的是零，注意彩色画面上化妆品标题的是75%。可见，消费者购买化妆

品时，起决定作用的是产品及其包装的色彩效果。现代平面广告的色彩日趋简洁、单纯，并富有装饰性。装饰色彩具有很强的主观艺术性，即设计者根据市场需要和本人的色彩感受，对色彩进行选择和变化，使色彩更为简洁、单纯、有序、条理，从而更富有想象力和表现力（图3-19）。

作为一名广告设计师，考虑商品的特点是最首要的。色彩设计首先应以表现商品内容、属性为准则，运用色彩形象化地反映被包装商品的内容、特征、用途等。主要是通过外在的包装色彩能够揭示或者映照内在的包装物品。使人一看外包装就能够基本上感知或者联想到内在的包装为何物。正常的外在包装的色彩应该是不同程度地把握这个特点，从行业上区分，食品类正常地用色其主色调用鹅黄、粉红来表述，这

图3-19
化妆品广告色彩

样给人以温暖和亲近之感。当然，其中茶，用绿色的不少；饮料，用绿色和蓝色的不少；酒类、糕点类用大红色的不少；儿童食品用玫瑰色的不少，日用化妆品类正常用色其主色调多以玫瑰色、粉白色、淡绿色、浅蓝色、深咖啡色为多，以突出温馨典雅之情致，服装鞋帽类多以深绿色、深蓝色、咖啡色或灰色多，以突出稳重典雅之美感。

2. 商业广告设计色彩的时令性

随着季节的变化以及节日经济的兴起，各种节日都成了商家盈利的好时机，各种商业广告策划设计接踵而来。现代社会，圣诞节、母亲节、情人节、万圣节等各种西方节日，更别说中国传统的春节、中秋节、国庆节等，每种节日含义意义都不相同，在色彩的设计上要符合整体节日的氛围，选择合适的色彩，突出商品在节日中的特色，以达到最好的宣传效果。

首先，卖场的POP广告、图片、海报、文字的颜色与季节和具体时期相符。春季应突出生机勃勃，夏季应制造清凉的效果，秋季制造成熟的氛围，冬季营造温暖以及享乐的氛围。例如某卖场2008年的广告宣传是在每个转角处都放置了象征春天的景物，如鸟巢，盛开的桃树，以及花团等，甚至还有大幅的春天图景，让人在寒风凛冽的严冬意外地享受到丝丝暖意（图3-20）。

其次，也可以在不同季节分别装饰上符合人们对不同季节感觉的主色调，给店面赋予生命。如春节时选用大红色作为主色调，传达喜气洋洋的感觉。

图3-20
广告设计色彩的时令性

色彩运用中有许多成功案例，这里以"百事蓝色风暴"与以红色元素为主的可口可乐广告为例进行研究。

（1）"百事蓝色风暴"是百事公司的宣传语，其色彩运用是以蓝色为主。近些年，很多商店的招牌、冰柜等都选用了百事蓝色风暴的图例。那一串带着气泡的蓝色图案已经成为百事的代名词，可见其广告运用的成功之处。

（2）运用红色元素的可口可乐与其对应的就是"要爽由自己"的可口可乐公司的红色主题广告，其广告的创意是以红色元素为主，宣传自由、个性，以红色刺激消费者的消费欲望，也是十分成功的色彩运用案例。

（3）做品牌自己的颜色，可以收到良好的广告效应，但是，在飞速发展的商业时代，根据热点事件、环境变化等随时调整自己的广告策略显得更为重要。以百事公司为例，2007年9月，百事公司在"百事13亿激情发布会"上，突然推出"火红中国队百事纪念罐"，其红色运用大气灵动、风度翩然，成为广告设计中的又一经典传奇。其这一举动也打破了消费者心目中的蓝色百事、红色可口的印象。有人戏称其为"百事红色阴谋"。之所以会有这样颠覆性的转变，主要是为了迎接当时即将到来的一个商机，即2008年北京奥运会。运用一身中国红，既符合中国元素，又显得喜庆刺激，争夺了中国市场。这也突显了百事可乐"敢作敢为，大胆创新"的个性和理念。其这一次广告中的色彩运用可以说是又一次重大突破，打造了色彩运用的更高境界，是百事形象的一次华美转身。

3. 商业广告设计色彩的突出性

首先，从广告色彩的视觉效果规律来看，明色、纯色、暖色系统的颜色注目程度相对较高，对读者视觉冲击力强。同样的，暗色、彩度低、冷色系统的颜色注目程度较低，对读者的视觉冲击力弱。其次，色彩搭配也是影响商业广告视觉冲击力的原因之一。因为人看到广告的第一反应大多是色彩的感觉，所以在色彩搭配上色彩的纯度、冷暖、色系都要合宜。不同的颜色、不同的色彩搭配，都会给消费者带来不同的感觉。掌握好色彩不同的搭配特性，可以吸引消费者，调节消费者的购物情绪，用色彩在商场消费中营造丰富的购物气氛（图3-21）。

大的商场适合选用较明亮、温和、淡雅的色调，有利于塑造安详、舒适的购物空间，与顾客放松惬意的购物目的形成一致，也为顾客注意各家店铺的独特性提供很好的保证。而小商铺的色调则可以多样化，选择较为强烈的色彩，刺激顾客的视知觉，特别是具有行业特征的商铺，更需要个性鲜明的色彩加以强调，对顾客而言，选择符合自身心理的产品是购物的首选目标。

4. 商业广告设计色彩的审美需求

色彩在商业广告设计中是最直接的元素，色彩为商业广告服务，商业广告的最终目的是吸引消费者，所以色彩的使用要符合消费者年龄阶段、性别的需求。在商业广告设计中，色彩还要考虑文化背景，地域特色，消费者的文化程度等因素。一般来讲，儿童产品多使用鲜艳明快的色调，女士多喜爱暖色调，明快的色彩，像红色以及接近红色的颜色。男士则更多偏向于冷色调。最美不过夕阳红，在老年产品的广告宣传中，一般使用较为温和的色调或者鲜艳的色调。要是产品与色彩的功能不相吻合，就会产生一种混乱感，表达的含义也不清楚，这将严重影响到消费者的情绪。另外，每个国家和地区都有自己的文化背景，

所喜爱的和不喜爱的颜色也有很大区别。比如中国传统的"中国红"，在中国具有代表色彩，象征着红红火火、兴旺发达的幸福生活，蕴含着丰富的美学意蕴和色彩心理价值。中国的结婚传统是一身大红嫁衣。在巴基斯坦，一般流行鲜明的色彩，其中以翡翠绿为最盛。黄色会引起宗教界及某些政治性的嫌恶，因为婆罗门教僧们所穿的长袍（礼服）是黄色。居民视黑色为消极，绿色、银色、金色及鲜艳的彩色备受当地人的欢迎。尼日利亚，视红、黑色为不吉利。泰国人喜爱红、黄色，禁忌褐色。所以，在运用色彩前必须考虑到这些问题。

5. 商业广告设计色彩的留白

色彩分为有彩色和无彩色两大类。我们身边都是五颜六色的事物。如果在商业广告设计中适当的留白，会有意想不到的效果，将会大大增加视觉关注度，强化作品的宣传效果。所谓留白，就是设计师在版面上有空着的部分，一幅广告中，除了有色彩的表现手法，运用留白营造出丰富的视觉效果也是色彩表现的重要手法。留白的地方可以给人无限的想象空间，更能吸引消费者的眼球（图3-22）。

6. 商业广告设计色彩的美学效应

理解色彩组合的概念，掌握色彩搭配的规律，在现实生活中就可以用直观有效的色彩设计作品表达平面设计的主题，在这里我们来介绍一下色彩的美学效应所包含的内容。第一，色彩的情感性，即某种色彩的视觉刺激可以使人产生心理情感的其他人体感官感受，以此促成情感性的意识。第二，色彩的心理象征性主要包括两个部分；一是对于不同色彩应用习惯性的体现；二是色彩所引起的人们的联想进一步深化，它产生的结果便形成了色彩的象征性。第三，色彩的

图3-21
商业广告色彩的突出性

图3-22
"神奇"胸罩广告

冷暖感，即广告的冷暖感，大体可分为红色、橙色、黄色，它们能产生温暖和放开的感觉，称为暖色。蓝色和绿色产生紧缩感被称为冷色。第四，色彩的兴奋与沉静感方面，我们通常所说的暖色彩度高，或对比强烈的颜色会使人产生兴奋感，相反而言，冷色给人以沉静感。第五，色彩的轻重感相比较下，明度高的色彩可以使人感到心情轻松，明度低的色彩可以使人感到心情沉重。第六，色彩的华丽与朴素感，要提高商品的身价应借助色彩的华丽感觉来充分表现本企业宣传商品的高档形象（图3-23）。

但是我们也要注意一些问题，因为每一种色彩对于人的感情的形成都是与周围的环境相关联在一起的。掌握色彩的表现规律并灵活运用可以形成独特的风格营造气氛美化品牌形象。不同的色块组合带给人千差万别的视觉感受，当我们同时把两个非常鲜艳的色块放在一起就会对人们产生强烈的视觉刺激感，我们将两个比较柔和的色块放在一起，通常会产生和谐的美感。当两个或两个以上的色彩放在一起就可以清楚地看出它们之间的差别。这种色彩之间的差异也称色彩对比。

现代受众欣赏品位逐渐提高，审美增强，商业广告设计中，色彩的运用具有重要影响，强调商业广告设计吸引受众注意，是遵循受众接受心理规律及视觉原理，充分传达广告信息，实现广告效果最大化。通过色彩文化的发展给广告带来丰富的视觉效果，经济

的发展给广告带来广阔的创造机遇，各种艺术门类之间的交流，使商业广告设计越来越引导潮流。

（四）商业广告设计的印刷品色彩

事实上，我们可以这样理解，印刷和广告具有一定的一致性，广告有多种表现手段，如电视、多媒体动画、平面设计等，广告的传播途径又有平面媒体、报纸、户外广告牌、灯箱牌等。在平面媒体和报纸上的广告是为了更大范围地宣传广告产品，像我们平时看的电脑类报刊、时尚杂志上都有许多广告（图3-24）。

当然印刷制品并不一定都是为了宣传广告产品，它也包含新闻、人物介绍、小说故事等文字性的内容。不过我们可以得出的结论是印刷和广告在某种范围内是一个意思。下面我们介绍的印刷中的色彩运用是和广告的色彩联系在一起的。

1. 报纸

现在的报纸有很多都已经采用了彩色版，经研究证实，在报纸广告中套印上红色，可将黑白广告的注意程度提高50%，采用全色广告可比黑白广告提高70%注意程度。在报纸广告中正确运用色彩，有很好的宣传作用。

（1）吸引人们的注意力。消费者对彩色广告的注意力要比黑白广告的注意率高很多，其中暖色调（黄色、红色等）较之冷色调（蓝色、绿色等）更具有吸引力。

（2）能真实地再现商品、人物和景物的形态。很多商品只有通过色彩才能将其外形特点、质地再现出来。如彩色胶卷、彩色电视、汽车、工艺品、服装

图3-23
色彩的华丽感

图3-24
杂志促销品广告

等，有了色彩才能显得更加美观。

（3）突出宣传的重点。在广告中如果要重点突出哪方面内容，或是商品的哪一个部位，可以通过色彩使其显得更为醒目。

（4）提高画面的感染力。彩色广告较之黑白广告更能激发话者的情感，使画面具有较强的感染力。不同的色彩具有不同的情感作用。一般来说，女性多喜爱暖色，男性多喜爱冷色，青少年喜爱鲜艳色彩，中老年则喜爱深沉、稳重的色彩。

（5）提高记忆效果。彩色广告较之黑白广告能给消费者留下更深的印象，记忆效果也比较好。

色彩在广告表现中虽然起着重要的作用，但在广告作品中，如广告摄影或广告绘画，并不是色彩越多越好，应根据所表现的特定内容和实际视觉效果选择和运用色彩。有时色彩运用得过多反而会破坏宣传效果。在报纸广告设计中，要注意恰到好处。

2．杂志

杂志广告比报纸广告更多地采用彩色印刷。由于一般杂志印刷较精美，纸张精细，所以广告作品的真实性更好，同时要求杂志广告在设计过程中更注重色彩的运用，充分发挥画面的视觉感染力。例如，在宣传食品、服装、室内装饰用品、豪华灯具、新轿车等的广告中，逼真色彩的价值是明显的。在这些广告中，色彩能比文字更绘声绘色地告诉人们这些产品的优点和特色。如果消费者曾经在杂志广告中见过某种食品的包装或商标，那他们在超级市场里就更易对之进行辨认，并迅速做出购买决定。同样是一幅杂志作品，黑白广告与双色广告及彩色广告相比，其注目率是不同的。

由此可以说明彩色广告比黑白广告或双色广告，更能吸引更多的读者。一些心理学研究也表明，把广告画加上彩色以后，对于增加女性消费者的注目率影响更大。因而在杂志广告的设计过程中．对于一些定向的、以女性为主要目标对象的广告，更多地采用彩色画面，或用彩色加以渲染，可以大大提高广告的注目率。当然，彩色广告的费用会高些，不过彩色广告的读者增加率比起成本的增加率更高。

平面设计师们发现，暖色调的广告较之冷色调的

广告更具有吸引力。不少杂志的广告，常采用暖色调为主的设计方法。在杂志广告的色彩运用中，我们需要考虑各种色彩的象征意义。在一些场合里金色和银色如果运用得当可以表现豪华。黄色是高贵的象征。绿色表现松弛、休息，象征着自然、健康、新鲜。黑色意味着庄重、严肃等。广告的设计，必须根据其内容和视觉效果来选择整体的冷暖基调，然后再考虑局部的色调。

在广告设计中，色彩发挥着独到的传达作用，已成为达到宣传目的的重要手段，广告色彩的整体效果主要取决于广告主题的需要以及消费者对色彩的喜好。

色彩对于广告设计来说，就如同人的肌肉，是广告生机与活力之所在，所以对色彩的恰当运用十分重要，否则就会削减广告的宣传力度。例如化妆品类广告讲求绿色、健康，色彩上多采用中性色调，如绿色、白色等。食品类广告则多采用红色、黄色等暖色调，以激发人们的食欲和购买欲。工业机电类的广告讲求功能性和效益，色彩上多采用蓝色、紫色和高级灰色调等。设计师应该针对不同的行业采用不同的色彩方案。

由于色彩在广告设计中的作用重大，因此受到了广告设计工作者们越来越多的注意。有些大企业甚至选定自己的企业特征色彩，作为一贯的宣传方针，如肯德基以红色与黄色作为企业形象的主要色彩，所以该公司的广告、货运车，以及工作人员的服装等，都强调这一色彩。

四、包装设计的色彩运用

随着社会经济的高速发展，商品竞争已进入了同质化时代，商品包装必须发挥"无声推销员"的作用，赋予同质商品以异质的意义，以强大的货架冲击力从激烈的竞争中脱颖而出，最大限度地影响消费者的决策行为。包装色彩无疑是实施方便且成效显著的最重要的竞争手段之一。色彩给人以先入为主的第一印象，给人留下的记忆也要比图形、文字等其他设计要素深刻、持久得多，个性化的包装色彩能直接抓住

顾客的注意力，引发消费者的消费动机，最终促成购买行动。

在市场经济的发展中，各种商品琳琅满目，令人眼花缭乱，难以选择。即便是同一类商品也有各种各样的品牌、规格，使消费者很难果断的做出抉择。在这种情况下，人们在选择过程中，能起到决定因素的往往是商品包装的色彩效果，因为色彩能最早、最直接地引起人的注意，从而刺激消费者的购买欲望。因此，要突出商品的个性，就必须通过独特的包装色彩来强化商品的形象冲击力（图3-25）。

现代包装设计是任何商品都不可或缺的一种表现形式，尤其在当今全球一体化的经济社会中，现代包装设计更加显示出其非凡的意义。在现代包装设计中，色彩是最具有视觉冲击力的元素。色彩既是促进商品销售的重要手段，也是商品销售环节中的灵魂；既是宣传和介绍商品的重要途径，也是商品进行包装设计的重要元素。而如何将色彩科学合理地运用在包装设计中，关乎现代包装设计的成败与否。

色彩在现实社会生活中处处可见，需要我们从理性的高度去发现它。现代包装设计不能离开色彩而单独存在，一旦色彩在现代包装设计中实现了科学化和艺术化的应用，它就能在物质上和精神上产生重大的功能和意义。将色彩应用到现代包装设计中能使一切商品获得最大化的经济效益和最理想的社会价值。色彩因为在包装设计艺术中的应用从而获得自身的美的重大意义，包装设计艺术因为色彩的应用而从中得到自身设计艺术的升华，与此同时商品又因为包装设计

艺术的升华而获取了巨大的经济利益，它们之间相辅相成，辩证统一（图3-26）。

（一）包装设计的概述

1. 包装的含义

包装有两重含义：一是指盛装产品的容器及其他包装用品，即"包装物"；二是指对产品进行包装的活动。具体而言，包装是以特定材料针对特定商品，通过特定的生产技术流程制成的具有包裹、盛装、营销等特殊功能的物品形态。它是构成商品的重要组成部分，是实现商品价值和使用价值的手段，是连接商品生产与消费者之间的纽带，它与人们的生活有着密切的联系（图3-27）。

2. 包装的作用

包装的功能大致可以分为保护、便捷、审美传播和销售四个方面（图3-28）。

（1）保护功能。这是商品包装最基本的功能，也是至关重要的最根本的功能。因为所有商品在物流输

图3-26
包装色彩

图3-25
包装色彩设计

图3-27
包装的含义

图3-28
包装的作用

送的过程中，都会有不同程度的碰撞、挤压等现象的发生，这就需要包装对其进行保护，以最大限度地避免外界的各种不良因素对产品造成的损失。

（2）**便捷功能。**通俗地说，就是商品包装要讲究方便轻巧和快捷。这不单单是针对消费者而言的，凡是与商品有接触的人，都要给他们带来方便和快捷。例如人们在购物的时候，包装设计的便携可以使人们方便携带物品。另一方面还要强调延伸意义上的包装的便捷功能，即包装的设计要便于日后自身垃圾的处理。

（3）**审美传播功能。**商品在流通过程中，外包装以平面设计审美的艺术形式向消费者传达诸如品牌名称、功效特征、产地日期等产品的相关信息，从而让消费者可以放心购买。优秀的外包装可以美化和创造一个企业的良好形象及其深厚的文化底蕴。

（4）**销售功能。**优秀的包装设计就是推销员之中的无声英雄，好的包装可以引起消费者的注意，激发消费者的购买欲望，也就达到了销售目的。包装往往会对宣传和销售商品起到事半功倍的效果，这也就是所谓的包装的销售功能。

3. 包装的类型

产品包装类型的种类很多，按包装容器形状分有：箱、袋、筐、罐等；按包装用途分有：销售包装、首要包装、运输包装；按包装层次分有：内包装、中包装、外包装（其中根据不同的产品特性，盛装在不同的包装内）；按包装的保护功能分有：防水包装、真空包装、防震包装、防腐包装等；按包装材料分有：纸质包装、木质包装、塑料包装、金属包装等；按货物种类分有：食品包装、医药包装、电器包装等。

图3-29
包装设计中的色彩

KUTASY 葡萄酒包装设计 / Zsombor kiss / 匈牙利

（二）包装设计中的色彩

包装的色彩设计要与商品的属性相配合，能够形象化地反映出被包装商品的内容、特征、性能和用途。包装设计无处不在，大到飞机、火车，小到针头线脑，包装设计中的色彩应用也是多种多样的。

强调商品固有色的包装色彩设计，便于消费者单从包装上就可以直接识别出内容物的属性，从而打破常规地采用个性化的色彩设计，就更便于消费者的识别和选择。运用色彩的象征性来传达商品的特性也是比较常用的设计方法，设计的前提是要对商品主要销售对象和销售地区的色彩偏好有较为深入的调查、分析和研究。从设计色彩的组织来看，商品包装的色彩设计既可以是协调色的组合，也可以是对比色的搭配，有时甚至还可以使用单色设计。单色既经济，又可以使包装形象在色彩纷呈的货架上更鲜明，给人耳目一新的感觉（图3-29）。

商品包装中能迅速抓住消费者视线的优秀色彩设计，受到了越来越多的国内外著名企业的重视。许多著名品牌的包装，虽然图案在不断变化，但其包装的主打色却很少改变。在包装设计的色彩学理论基础中，着重包装设计色彩的色相、明度、纯度、色彩搭配以及色彩心理等方面的问题。

色彩是美化和突出产品的重要因素，90%以上的信息来自视觉，色彩在商品包装上具有强烈的视觉感召力和表现力。人的视觉对于色彩的特殊敏感性，决定了色彩设计在包装视觉传达中的重要价值。包装色彩的设计有着非常丰富的内容，它涵盖了色彩的物理、生理、心理效应，美学原理，是自然色彩、社会色彩和艺术色彩的统一，是对色彩感性认识与理性分析的有机结合。在商品包装设计的视觉元素中，色彩的冲击力最强，有先声夺人之效，对于需要具有强大货架冲击力的商品来说，就有举足轻重的作用。如果设计师对包装设计色彩的把握与运用能够直接反映内在物品的某种特性，色彩设计得当、表现力强的包装可以吸引更多的消费者去购买，从而促进该商品的销售。

由于人们的生活经验、心里联想、审美情趣等原因给包装的色彩披上了感情色彩的外衣，由此引发了包装色彩的象征性及对不同包装色彩的好恶感。如红色调给人以热情、欢乐、兴奋的感觉，当人们看到它时就会在味觉上联想到刺激、麻辣、火热的感觉，带有一种激情的味道。橙、黄色调则给人以兴奋、成熟的感觉，当人们看到它时就会在味觉上联想到美味、香甜（图3-30）。

（三）色彩在包装设计中的应用

包装设计的功能是促销，精美的设计有利于销售，包装设计要想获得成功，设计不仅要好，而且要超凡脱俗，简单易行，非常特别。也许设计的抢眼之处在于传统的典雅高贵，也许成功之处在于五彩缤纷的环境中比较幽静、简洁、素雅一点的东西，也许独特之处在于一种全新的样式，有很多方面需要设计师来考虑。而包装设计，就在于孜孜不倦地尝试与探索，追求人类生活的美好情怀。色彩是极具价值的，它对我们表达思想、情趣、爱好的影响是最直接、最重要的。把握色彩感受设计，创造美好包装，丰富了

生活，更为时代所需。无彩色设计的包装犹如尘世喧闹中的一丝宁静，它的高雅、质朴、沉静使人在享受酸、甜、苦、辣、咸后，回味着另一种清爽、淡雅的幽香，它们不显不争的属性将会在包装设计中散发着永恒的魅力（图3-31）。

在现代包装设计中，色彩的运用也是很讲究的。首先，在包装中要注意色彩的搭配，要注意主体色调与背景色调或是与底色之间的合理搭配，因为合理安排图色与底色的关系可以有效地突出主体设计和良好的品牌形象表现力。一般而言，鲜艳的色彩要比深沉的色彩更具有视觉冲击力。在进行包装色彩设计时，一定要注意色相、纯度和明度之间的对比和搭配。其次，我们要掌握科学合理的色彩应用的方法，只有掌握了方法，才能使色彩得到更好的运用和表现。现代包装设计中常用的色彩表现手法有以下几种：

（1）对比法。在包装设计中，为了突出产品形象或者吸引更多的群众购买商品，有时候会把两种色彩进行对比。例如明暗对比，明度高的立体感强；纯度对比，纯度高的色感强；色相对比，鲜艳的颜色刺激性强；轻重对比，轻色显得更轻，重色显得更重等。

（2）调和法。就是把几种颜色调和在一起，混合色彩有时会显得更加柔和，有时会显得更凝重。所以，在平面设计中，要强调色彩之间的协调。调和法多用于高雅、古朴、醇厚之类的商品的包装设计之中。

（3）强化法。在现代包装设计中，通过包装的色彩可以强调产品的功能性或者产品特点。

（4）异化法。异化法是指对包装产品色彩的突出设计运用。例如，王老吉的包装色，与辣椒形成了鲜明的对比，产生了强烈的反差，给人带来这种凉茶具

图3-30
包装的色彩

图3-31
包装的色彩

有很败火的感觉，从而促进了产品的销售。

（5）同化法。即采用与产品自然色相同的色彩作为包装色彩。例如，巧克力包装运用咖啡色，橙汁饮料包装运用橘黄色，绿茶饮料运用绿色等。

（6）系列化法。如果要想使包装设计变得多姿多彩，那么就可以在有经验的情况下采用系列化法，其中包括色相系列、明度系列、纯度系列、交叉系列等。例如，雀巢咖啡公司推出的巧克力系列食品，产品包装采用的是色相系列，由红色、紫色、青色、蓝色依次组成。茗茶套装系列外包装则采用色相系列与小包装运用交叉系列两种方法，效果也很好。

Tulkara Shiraz 葡萄酒 / IKON BC 设计机构 / 澳大利亚

图3-32
包装色彩的时代性

（四）包装设计色彩的时代性

时代和社会的不断更新变化，必然会影响人们审美要求的不断改变和更新。人们的审美标准不会是一成不变的。英国美学家荷迦兹曾把"变化"作为美学的原则之一，他认为"人的各种感官都喜欢变化，同样的，也都讨厌千篇一律"。意大利美学家缪越伦里认为："美感产生于新奇"。人们处在丰富多彩的色彩刺激中，因而对色彩的嗜好反应敏感，心理上要求新的色彩刺激，感觉上需要新鲜色彩的享受。我们应善于利用这一色彩感觉的心理因素，给包装以新颖的色彩设计，产生视觉感的特异性，使产品脱颖而出，赋予设计以更强的时代特色，运用独特的色彩语言，加之前卫的形象设计，达到塑造品牌和提升企业的社会影响力的目的。当前，在设计上更要采取理性主义的方式，同时大力倡导"绿色包装"这一设计和消费市场的全新观念。色彩作为传达理念的一种工具，决定了色彩设计在包装视觉传达中的重要价值（图3-32）。

（五）包装设计中的色彩功能

色彩是影响视觉效果的最活跃的因素，因此色彩对现代包装设计来说是非常重要的，它有着以下几种功能。

1. 包装设计中色彩的寓意功能

当人们看到一种色彩的时候，会由这种色彩产生许多遐想，从而引起特定的情绪反应，不同包装的色彩可以使人产生不同的感受。例如，在生活中，人们习惯用红色作为兴奋与欢乐的象征，并联想到水果、花朵等事物，因此在水果、肉类的包装设计中可以用红色作为主基色调，用来隐喻丰硕水果的甜美、新鲜，肉类的美味等。蓝色具有清凉、透明的水质感觉，一般可用在矿泉水、化妆品、冷饮产品等包装上。又如绿色给人的感觉是清新、爽朗，一般可用在茶叶、植物饮料等产品包装上。

此外，色彩的寓意功能还表现在，色彩能够引起人们强烈的生理反应，尤其是对人的味觉、嗅觉、触觉的刺激和影响极大。例如，在味觉上，绿色会让人感到酸涩味；红色会让人感到辛辣味；青色会让人感到咸味等。在嗅觉上，蓝色让人感到薄荷香；橙色让人感到柠檬香；紫色让人感到薰衣草花香等。在触觉上，不同的色彩会使人产生不同的触觉感，深色给人以厚重的感觉，浅色则给人以轻薄的感觉。这些都是色彩在现代包装设计中的寓意功能的具体体现。但值得注意的是，优秀的包装设计，一般没有完全单一的色彩，只有采用不同的色彩组合才会达到不同的视觉效果，才会影响顾客对产品包装的记忆度和偏爱度。

2. 包装设计中色彩的表达功能

色彩的情感表现离不开商品的个性化，不同的色彩会给商品带来不同美感的动态表现，同时也能给消费者带来不同的心理感受。在现代包装设计中，色彩一旦被科学地、合理地、艺术地应用，它就能给人们以美的享受。例如伊利酸牛奶的包装设计，其颜色鲜明、爽朗，给人一种健康、活力和明快的感觉。此外，针对酸牛奶的不同种口味，分别采用了几种不同的色彩进行包装设计，由于色彩运用得具有科学性和艺术性，在很短的时间内就引起了社会的青睐，促使人们那种可口、甜美的感觉油然而生，从而唤起了消费者的共鸣。这就是包装设计中色彩的运用给消费者带来的美的享受。不同的时代体现出了不同的审美特征，随着时代的进步，在物质日益丰富的社会中，人们对美的追求也越来越高。因此，现代包装设计应当顺应时代美学的观念，创作出具有现代美学的作品。要在掌握色彩在包装设计中的运用规律的基础之上，创造出更加丰富多彩的包装设计形式，从而充分地体现出现代包装设计的丰富内涵，使色彩与产品包装搭配达到和谐、统一（图3-33）。

作为处在营销第一线对消费者直接发挥作用的因素，商品包装是企业传达信息、树立形象的重要媒介，它也是企业识别色的主要应用领域之一。为了获得信息的同一化的传达效果，达到配合产品销售、提高企业形象的目的，这就需要包装色彩配合企业识别系统或品牌系统的色彩计划进行标准化、规范化和个性化的设计。

包装色彩设计是企业产品竞争最前沿的竞争力，包装色彩设计不仅要突出商品的信息和功能价值，宣传商品独特的品牌特征和企业形象，对消费者的心理反应和消费习惯也要做深入的研究，通过色彩的象征效应来增加商品的感情含量和文化含量，发挥色彩独特的诱导作用和感染力，进而获得消费认同。为了使包装色彩设计充满活力并与时尚合拍，流行色的发展与社会审美标准的变化也是设计师必须关注的重要内容。因此，我们在设计的过程中，不仅要重视商品包装色彩的美化功能，也要从经济学的角度重视商品包装色彩的营销功能，根据不同的商品选择不同的色彩表现形式，充分符合商品的各个属性和功能，满足广大消费者的心理需求，从而使企业在激烈的市场竞争中拥有更多的消费人群。

环境艺术设计色彩

色彩是人体知觉系统的有机组成部分，同时也是艺术精神的重要组成部分，它极大地影响着人的感觉与心理状态，并影响着人们的舒适与健康。色彩是环境艺术的一项基本功能，不同的环境空间有着不同的使用功能，随着现代色彩学的发展，人们对色彩的认识不断深入，对色彩的功能了解日益加深，色彩在环境艺术中处于举足轻重的地位。

环境空间设计以不断满足人类生活与精神需求为目标，是对人类生存空间的设计，是城市"会说话的眼睛"，设计的宗旨是改善和美化人们的生存与生活环境。环境空间设计包括的范围很广泛，如建筑设计、室内设计、环境小品设计、公共艺术设计、城市规划设计等。环境设计的本质是要以人为本来创造人居环境，色彩对人的影响是深远的，色彩作为环境设计的一个重要方面，可以改善环境功能并使环境具有美感。色彩搭配需要注重色彩对比、色彩调和等规则，例如同类色相的搭配具有平和、大方、简洁、清爽、完整、静寂的性格，也最能使环境色彩取得整体协调和完美统一，常用于庄重而高雅的空间，而对比色运用则是一种富有表现力和充满力感的色彩配置。环境空间艺术设计中的色彩设计除了遵循色彩配置结构的原理外，还必须综合考虑设计的具体位置、面积、环境、要求、功能目的、地方民族传统、服务对

图3-33
包装色彩的表达

象等因素，要满足这些需求，就应充分利用色彩的特性来为设计服务，以色彩自身的和谐、舒适去安慰人的精神，调节人的心理，关心人的需要。

现代建筑的先驱将建筑创作视为促进社会进步的标志，立足于当时的经济状况，利用色彩设计原理，尽力表现建筑的材质本色，以高明度低纯度的建筑色彩，形成单纯简洁的设计风格。当今色彩这一视觉元素越来越受到人们重视。建筑环境中的色彩设计起着多方面的作用，它有助于促进建筑功能的区别，克服机械的冷漠，可以作为一种特征对不同地区、场所进行描绘，在复杂的空间中有助于向人们提供明确的交通路线，减少人们对环境理解的困难。特别是当前科学技术的迅猛发展，各种新材料和新技术不断出现，大大丰富了建筑色彩的表现力，推进了环境艺术色彩向多元化方向发展。

一、室内环境的色彩运用

（一）室内环境色彩的分类
通常的分类方法是按照室内中色彩的面积和重点程度来分，大体可以分为三类：背景色、主体色、点缀色

（1）背景色。是一间室内中大块面积表面的颜色，如地板、墙面、天花和大面积隔断等的颜色。背景色决定了整个房间的色彩基调。大多数场合，背景色多为柔和的灰调色彩，形成和谐气氛的背景。如果使用艳丽的背景色，将给人深刻的印象。背景色占有极大面积并起到衬托室内一切物件的作用。因此，背景色是室内色彩设计中首要考虑和选择的问题。

（2）主体色。主要是大型家具和一些大型室内陈设所形成的大面积色块。它在室内色彩设计中较有分量。如沙发、衣柜、桌面和大型雕塑或装饰品等。主体色的配色有两种不同方式。如果要形成对比，应选用背景色的对比色或者是背景色的互补色作为主体色；如果要达到协调，应选择同背景色色调相近的颜色作为主体色，比如同一色相或者类似色的颜色。

（3）点缀色。是指室内小型的、易于变化的物体色。如灯具、织物、艺术品和其他软装饰的颜色。室

图3-34
台北大观自成住宅

内需要点缀色是为了打破单调的环境，所以以点缀色常选用与背景色形成对比的颜色。点缀色如果运用得当，可以创造戏剧化的效果。不过，点缀色常常会因为物品的体积小而被忽视。

三者之间，背景色作为室内的基色调。提供给所有色彩一个舞台背景（虽有时也将某些墙面和顶棚处理成主体色）。它必须合乎室内的功能。通常选用低纯度，含灰色成分较高的色，可增加空间的稳定感。主体色是室内色彩的主旋律，它体现了室内的性格。决定环境气氛，创造意境。它一方面受背景色的衬托；一方面又与背景色一起成为点景色的衬托。在小的房间中，主体色宜与背景色相似，融为一体，使得房间看上去大点。若是大房间，则可选用背景色的对比色，使主体色与点景色同处一个色彩层次，突出其效果，以改善大房间的空旷感。点缀色作为最后协调色彩关系的中间人也是必不可少的。不少成功的案例中都得益于点缀色的巧妙穿插，使色彩组合增加了层次，丰富了对比（图3-34）。

一般来说，室内色彩设计的重点在于主体色。主体色与背景色的搭配要协调中有变化，统一中有对比，才能成为视觉中心。通常，三者的配色步骤是由最大面积开始，由大到小依次着手确定。

（二）室内空间的色彩
在室内设计中，色彩可以改变空间的大小。这并不是说空间的真实大小会变化，色彩改变的是人们的

图3-35
室内空间的色彩

空间视觉感受（图3-35）。

色彩的这种能力来自于人们对色彩的心理感受。

1. 色彩的进退感

彩度高、明度低的色彩看上去有向前的感觉，被人们称为前进色；反之，那些彩度低、明度高的色彩被人们称为后退色。

2. 色彩的轻重感

深色给人感觉沉重，有下坠感；浅色形成轻盈的上升感，被人视为轻色。

3. 色彩的扩张感和收缩感

暖色刺激视网膜，使人们对其做出夸大的判断，看上去会比实际的显得大；反之，冷色就会使物体形体减小，显得有收缩感；在同样的灰色背景下，白色有扩张感，黑色显得收缩。

（三）室内色彩设计的原则与要求

1. 室内色彩的设计原则

色彩的设计在室内设计中起着改变或者创造某种格调的作用，会给人带来某种视觉上的差异和艺术上的享受。人进入某个空间最初几秒钟内得到的印象百分之七十五是对色彩的感觉，然后才会去理解形体。所以，色彩对人们产生的第一印象是室内装饰设计不能忽视的重要因素。在室内环境中的色彩设计要遵循一些基本的原则，这些原则可以更好地使色彩服务于整体的空间设计，从而达到最好的境界。

（1）**形式和色彩服从功能。**充分考虑功能要求。室内色彩主要应满足功能和精神要求，目的在于使人们感到舒适。在功能要求方面，首先应认真分析每一空间的使用性质，如儿童居室与起居室、老年人的居室与新婚夫妇的居室，由于使用对象不同或使用功能有明显区别，空间色彩的设计就必须有所区别。

（2）**力求符合空间构图需要。**室内色彩配置必须符合空间构图原则，充分发挥室内色彩对空间的美化作用，正确处理协调和对比、统一与变化、主体与背景的关系。在室内色彩设计时，首先，要定好空间色彩的主色调。色彩的主色调在室内气氛中起主导和润色、陪衬、烘托的作用。形成室内色彩主色调的因素很多，主要有室内色彩的明度、色度、纯度和对比度。其次，要处理好统一与变化的关系。有统一而无变化，达不到美的效果，因此，要求在统一的基础上求变化，这样，容易取得良好的效果。为了取得统一又有变化的效果，大面积的色块不宜采用过分鲜艳的色彩，小面积的色块可适当提高色彩的明度和纯度。此外，室内色彩设计要体现稳定感、韵律感和节奏感。为了达到空间色彩的稳定感，常采用上轻下重的色彩关系。室内色彩的起伏变化，应形成一定的韵律和节奏感，注重色彩的规律性，切忌杂乱无章。

（3）**利用室内色彩改善空间效果。**充分利用色彩的物理性能和色彩对人心理的影响，可在一定程度上改变空间尺度、比例、分隔、渗透空间，改善空间效果。例如居室空间过高时，可用近感色，减弱空旷感，提高亲切感；墙面过大时，宜采用收缩色；柱子过细时，宜用浅色；柱子过粗时，宜用深色来减弱笨粗之感。

（4）**室内色彩设计的基本条件要求。**符合多数人的审美要求是室内设计的基本规律。但对于不同民族来说，由于生活习惯、文化传统和历史沿革不同，其审美要求也不同。因此，室内设计时，既要掌握一般规律，又要了解不同民族、不同地理环境的特殊习惯和气候条件。

2. 在进行室内色彩设计时，应首先了解和色彩有密切联系的以下问题

（1）**空间的使用目的。**不同的使用目的，如会议室、病房、起居室，显然在考虑色彩的要求、性格的体现、气氛的形成各不相同。

（2）空间的大小、形式。色彩可以按不同空间大小、形式来进一步强调或削弱。

（3）空间的方位。不同方位在自然光线作用下的色彩是不同的，冷暖感也有差别，因此，可利用色彩来进行调整。

（4）使用空间的人的类别。老人、小孩、男、女，对色彩的要求有很大的区别，色彩应适合居住者的爱好。

（5）使用者在空间内的活动及使用时间的长短。学习的教室，工业生产车间，不同的活动与工作内容，要求不同的视线条件，才能提高效率、安全和达到舒适的目的。长时间使用的房间的色彩对视觉的作用，应比短时间使用的房间强得多。色彩的色相、彩度对比等的考虑也存在着差别，对长时间活动的空间，主要应考虑不产生视觉疲劳。

（6）该空间所处的周围情况。色彩和环境有密切联系，尤其在室内，色彩的反射可以影响其他颜色。同时，不同的环境，通过室外的自然景物也能反射到室内来，色彩还应与周围环境取得协调。

（7）使用者对于色彩的偏爱。一般说来，在符合原则的前提下，应该合理地满足不同使用者的爱好和个性，才能符合使用者的心理要求。

总之，在符合色彩功能要求的原则下，可以充分发挥色彩在构图中的作用（图3-36）。

图3-36
室内设计色彩

（四）色彩设计改变空间感受的技巧

（1）冷色、浅色、轻快而不鲜明的色彩可以扩大空间尺度感，减小色彩对比也有同样的作用。

（2）强烈的色彩、暖色、深色或艳丽的色彩与其他色对比可以缩小空间尺度，也可以通过增加色彩对比来做到这点。

（3）为了使狭长的走廊缩短变宽，走廊尽端的墙面宜用暖色或深色。

（4）为了使短浅的房间变长，尽端墙面采用冷色或浅色，灰色调或者减少色彩对比。

（5）为光线暗的房间配色，可选用饱和的暖色，以及奶黄色、杏黄色、鲜亮的浅蓝色。

（6）深颜色吸光——顶、地、墙面都成一色，房间会显得大些，如若无法施以同色，应尽量减小界面之间的色差，形成一致，效果也会不错。

（7）如果室内有某些碍眼的物体，可以施以环境色把它掩藏到背景中去。

（8）为多房间的大空间配色，可给不同房间以不同颜色，减少空旷感。但要注意房间的接洽处，因为那里是不同色彩接洽之处，要协调好不同色彩，材质、图案的配合。

（9）为小空间组合配色，应以同一色作为背景统一基调，利用不同的材质、图案来做变化。

（10）在大型家具过多时，空间会显得凌乱，如将它们涂成背景色或拿背景色的织物覆盖就会使得空间井然有序。

（11）对于空空荡荡、缺少家具的空间，只要刷上深暖色，就会使得房间富于装饰感。

（12）为了使得顶面变低，可以采用以下方法：顶面上用暖色或深色；把顶面色涂成比墙面色深的色彩；在墙面上加一条扶手，保持上面的颜色比下面的浅；或墙裙采用深于墙色的色彩；顶面用冷色或浅色，或者带有一条颜色略深的顶角线，可以使得顶面显得高些。

（13）当顶面色要比墙面色浅时，能突出白色顶角线，显明界面的关系。

（14）浅色的墙和顶适合用对比色线脚来衬托，突显出空间的层次感。

（15）为空旷乏味的空间配色，可放入深棕色家具，加上大型植物，巨型花篮，花盆或陶罐赋予房间个性。

（16）让空间充满生机，可把地面做成浅色；反之，深色地面会缩小空间，加强空间的紧密感。

（五）室内设计色彩的搭配

1. 室内软装设计颜色搭配

（1）单一色的运用。室内装修颜色搭配最好是用同一种基本色下的不同色度和明暗度的颜色进行搭配，可创造出宁静、协调的氛围。此种搭配多用于卧室，如墙壁、地板上使用最浅的色度，床上用品、窗帘、椅子使用同一颜色但较深色度，杯子、花瓶等小物品上用最深的色度。同时选用一个对比的元素可以增加视觉趣味。

（2）互补色的运用。把红和绿、蓝和黄这样的两种颜色安排在一起，能产生强烈的对比效果。这种配色方案可使房间显得充满活力、生气勃勃。家庭活动室、游戏室甚至是家庭办公室均适合。

（3）类似色的运用。类似色则是色彩较为相近的颜色，它们不会互相冲突，所以，室内装修颜色搭配的原则是在房间里把它们组合起来，可以营造出更为协调、平和的氛围。这些颜色适用于客厅、书房或卧室。为了色彩的平衡，应使用相同饱和度的不同颜色。

（4）黑白灰的运用。黑色、白色和灰色搭配往往效果出众。棕、灰等中性色是近年来装修中很流行的颜色，这些颜色很柔和，不会给人过于强烈的视觉刺激，是打造素雅空间的色彩高手。但为避免过于僵硬、冷酷，应增加木色等自然元素来软化，或选用红色等对比强烈的暖色，减弱原来的效果。

（5）色调平衡的运用。对比色彩的成功运用依赖于良好的色调平衡。室内装修颜色搭配的一种应用广泛的做法是：大面积使用一种颜色——冷色，然后用少量的暖色平衡。反之，以暖色为主，冷色点缀，效果同样理想，尤其是在较阴暗的房间里，这种设计更为合适。

（6）侧重色彩的运用。对大面积地方选定颜色后，可用一种比其更亮或更暗的颜色以示渲染，如用于线角处。侧重色彩用于有装饰线的小房间或公寓，更能相映成趣。在室内装修颜色搭配的时候，注意到它的原则和技巧。注意室内装修颜色的搭配是有着技巧的，并且这是一种艺术，需要在软装设计时随时审度和调和。

总之，解决色彩之间的相互关系，是色彩构图的中心。室内色彩可以统一划分成许多层次，色彩关系随着层次的增加而复杂，随着层次的减少而简化，不同层次之间的关系可以分别考虑为背景色和重点色。背景色常作为大面积的色彩宜用灰调，重点色常作为小面积的色彩，在彩度、明度上比背景色要高。在色调统一的基础上可以采取加强色彩力量的办法，即重复、韵律和对比强调室内某一部分的色彩效果。室内的趣味中心或视觉焦点重点，同样可以通过色彩的对比等方法来加强它的效果。通过色彩的重复、呼应、联系，可以加强色彩的韵律感和丰富感，使室内色彩达到多样统一，统一中有变化，不单调、不杂乱，色彩之间有主有从有中心，形成一个完整和谐的整体（图3-37）。

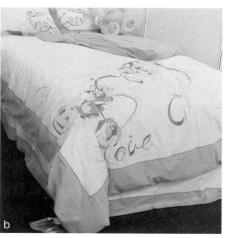

图3-37
室内色彩运用

2. 设计色调搭配的象征意义

木材原色是最佳的色调，木材之原色使人易生灵感与智慧，尤其书房部分，尽量用木材原色则最佳，总而言之，各种色调不可过多，以恰到好处为原则。

色彩的选择和色彩的搭配是有规律可循的。不同的色调所表现的是不同的感情效果。可根据居室的功能和个人的性格爱好，设计房间的色彩，以表达自己的情调。

华丽色调主色为暗红和米色。沙发为暗红，地毯为同色系的土红色，墙面涂以明亮的米白，局部点缀着金色和蓝色。如镀金把手、壁灯架、蓝色的花瓶和茶具等。这种色调靓丽高雅、豪华气派。

娇媚色调主色为粉色和乳白色。如墙面可贴以粉红色为主的碎花仿丝绸壁纸，家具为白色并饰以金边，沙发为与墙面成同一色调丝绸罩面，另铺以深粉红色的地毯，再点缀一些橘红色饰品。这种色调体现性感、细致等特点。

青春色调以浅绿色、浅黄色为主色。如橄榄绿的地毯、草绿色墙纸、浅色家具和窗帘，再点缀些粉红、嫩黄的饰物摆设，所带出的是一室的春天气息。

轻柔色调以奶黄色、白色为主色。如奶黄色的地面与墙面，象牙白的家具，再配以大面积轻薄的提花涤纶作落地窗使整个气氛会显得轻柔而淡雅。

清爽色调主色调为淡蓝色。蓝色传递着平静、清新晶莹的感觉。蓝白相间的配色，如蓝色的墙衬白色家具和窗帘，可使空间显得清爽畅快。面积不大或较闷热的房间，最适宜使用此色调，如厨房、浴室。

古朴色调这个系列的色调包括青灰、粉白、棕色、黑色等。红棕或黑色的仿古家具衬以粉白墙壁，墙上挂着图画和书法条屏，博古架上饰以瓷器、古玩，便勾勒出一个古色古香素雅大方的空间。

自然色调以自然材料本色为主。如黄褐色的地板、木质墙面、棕色显露木纹的家具等，饰物方面有布饰、挂毯、土陶器皿等。自然朴实的格调，显示出悠远的乡土气息。

硬朗色调通常以黑白等对比色或反差大的色彩，如深蓝、深紫等来表现主人强烈的个性。

（六）色彩在室内设计上的应用

色彩是表达室内体面造型美感的一种很重要的手段，如果运用恰当，常常起到丰富造型，突出功能的作用，并能充分表达室内不同的气氛和性格，也能体现居住者的情操。室内色彩的调配和居室块面上色彩的安排。具体表现在色调、色块和色光的运用。

1. 室内装饰的主色调

室内装饰色彩虽然是由许多方面所组成(如吊顶面色、墙面色、地面色、家具色以及陈设物的色等)，但各部分的色彩变化都应服从于一个基本色调，才能使整个室内装饰呈现互相和谐的完美整体性。就像一首乐曲要有一个主旋律一样，如没有主旋律乐曲就不成调子。室内色彩的整体感，通常多采取以一色为主，其他色辅之，以突出主调的方法。

常见的室内色调有调和色和对比色两类，若以调和色作为主调，室内就显得静雅、安详和柔美；若以对比色作为主调，则可获得明快、活跃和富于生气的效果。但无论采用哪一种色调，都有要使它具有统一感。既可在大面积的调和色调中配以少量的对比色，以收到和谐而不平淡的效果，也可在对比色调中穿插一些中性色，或借助于材料质感，以获得彼此和谐的统一效果。所以在处理室内色彩的问题上，多采取对比与调和两者并用的方法，但要有主有次，以获得统一中有变化，变化中求统一的整体效果。在色调的具体运用上，主要是掌握好色彩的调配和色彩的配合。主要有以下三个方面:

第一，要考虑色相的选择，色相的不同，所获得的色彩效果也就不同。这必须从室内环境的整体出发，结合功能、造型、居住者的性情进行适当选择。例如主卧室的色彩，多采用偏暖、偏冷的浅色或中性色，以获得明快、祥和、协调、雅静的效果。

第二，在室内体面造型上进行色彩的调配，要注意掌握好明度的层次。一般来说色彩的明度，以稍有间隔为好；但相隔太大则色彩容易失调，同一色相的不同明度，以相距二三度为宜。在色彩的配合上，明度的大小还显示出不同的"重量感"，明度大的色彩显得轻快，明度小的色彩显得沉重。因此，在室内设计中，常常用色彩的明度大小来求得室内环境的稳定与均衡。如大面积的天花、地面、墙面的色彩明度较高，踢脚的色彩明度较低。

第三，在色彩的调配上，还要注意色彩的纯度关系。除特殊功能的房子（如舞厅、儿童房或者具有小面积点缀的房间）用饱和色外，一般用色，宜改变其纯度，降低鲜明感，选用较沉稳的"明调"或"暗调"，以达到不刺眼的色彩效果。

总之，形成色彩基调的因素很多。从明度上讲，可以形成明调子、灰调子和暗调子；从冷暖上讲，可以形成冷调子、温调子和暖调子；从色相上讲，可以形成黄调子、蓝调子、绿调子等。暖色调容易形成欢乐、愉快的气氛。一般是以彩度较低的暖色作主调，以对比强烈的色彩作点缀，并常用黑、白、金、银等色作装饰。黑、白、金恰当地配置在一起，可以形成富丽堂皇的气氛；白、黄、红恰当地配置在一起，可以给人以光彩夺目的印象。冷色调宁静而幽雅，也可以与黑、灰、白色相掺杂。温色调以黄绿色为代表，这种色调充满生机。灰色调常以米灰、青灰为代表，不强调对比，从容、沉着、安定而不俗，甚至有点超凡脱俗的感觉。可以肯定，没有基调色彩，就没有倾向、没有性格，就会给人造成无序、混乱的感觉，色彩也就无法体现其意境和主题。在室内色彩设计中，有了主调色彩，也不能忽略色块的作用。

2. 室内装饰中的色块应用

在室内装饰设计中合理运用色块来调节室内气氛是十分重要的。所谓色块，就是室内色彩中一定形状与大小的色彩分布面（如窗帘、家具、墙面造型、装饰品、设备等的色彩），在室内装饰色彩中它又叫重点色，恰当地使用重点色能取得画龙点睛的效果。显然，它与面积有一定关系，不同色彩如面积大小不同，给人的感觉就不相同，如面积小的红色、绿色交织在一起，远看时便觉得红、绿色混二为一，接近于灰色；而面积大的红、绿色块，则能给人以强烈对比的印象。面积大的绿色与面积小的红色合理摆放，则能给人以万绿丛中一点红的感觉。所以室内色彩设计在色块组合和调配上需要注意以下四点：

（1）一般用色时，必须注意面积的大小，面积小时，色的纯度可较高，使其醒目突出；面积大时，色

的纯度则可适当降低，避免过于强烈。

（2）除色块面积大小之外，色的形状和纯度也应该有所不同，使它们之间既有大有小，有主有衬而富于变化。否则，彼此相当，就会出现刺激而呆板的不良效果。

（3）色块的位置分布对色彩的艺术效果也有很大影响，如当两对比色相邻时，对比就强烈，可以在对比色中间隔中性色（如金、银、黑、白等色），则对比效果就有所减弱。

（4）任何色彩的色块不应孤立出现，需要同类色或近似色色块与之呼应，不同对比色块要相互交织布置，以形成相互穿插的生动布局，但应注意色块在位置处理上需统一、均衡、协调，勿使一种色彩过于集中而失去美感。

3. 室内装饰中色光的应用

色彩在室内装饰设计上的运用，还需考虑色光问题，即结合环境、光照情况来合理运用色彩。从室内自然采光的角度来说，如果自然光线不理想时，可应用色彩给以适当的调节。如朝北面的房间，常有阴暗沉闷之感，可采用明朗的暖色，使室内光线转趋明快。朝南面房间的光线明亮，可采用中性色或冷色为宜。东面房间有上下午光线的强烈变化，可以采用在迎光面涂刷明度较低的冷色，而在背光面的墙上涂刷明度较高的冷色或中性色。西面房间光线的变化更强烈，而且光线的温度高，所以西面房间的迎光面应涂刷明度更低些的冷色，并且整个房间以采用冷色调为宜。在高层建筑的上部室内，由于各个方面的光线都强，应采用明度较低的冷色。

室内装饰色彩，不仅与日光和环境配合，而且也要与各种家具、设备、装饰造型的饰面材料的质感相配合。因为各种不同材料，如木、织物、金属、竹藤、玻璃、塑料等所表现的粗、细、光、毛等质感，由于受光和反光的程度不同，反过来也相互影响室内色彩冷、暖、深、浅的整体效果。实际上，一个色无所谓漂亮不漂亮，经常的情况是两个或两个以上的色彩组合或并列时，色彩作为一种协调、统一、对比来搭配，才能给人以美或丑的感觉。诚然，这种搭配的设计也是多种多样的，有的为了醒目，有的为了追求

图3-38
室内装饰中色光的运用

图3-39
室外环境的色彩运用（学生黄子墨作业）

图3-40
蓬皮杜艺术中心

刺激，有的为了沉静幽雅，有的为了个性的宣泄等。但在任何情况下，色彩在室内装饰设计中都应使之调和、统一，才能使大多数人感觉配色是美的（图3-38）。

二、室外环境的色彩运用

色彩在建筑装饰设计中，具有相当重要的作用。与形状相比，色彩更能引起人的视觉反映，而且还直接影响着人们的心理和情绪。因为在人体的各种知觉中，视觉是最主要的感觉，据说人依靠眼睛可获得约87%的外来信息。而眼睛只有通过光的作用在物体上造成色彩才能获得印象，可见色彩有唤起人的第一视觉的作用。色彩能改变室外环境气氛，会影响其他视知觉的印象，故有经验的建筑师十分重视色彩对人的物理的、生理的和心理的作用。十分重视色彩能唤起人的联想和情感的效果，以期在室外设计中创造出富有性格、层次和美感的环境。所以学习和掌握色彩的基本规律，并在设计中加以恰当地运用，是十分必要的（图3-39）。

1. 城市规划色彩

在建筑与城市色彩规划时，要重视城市色彩的统一规划，科学地管理环境色彩，是关系到城市形象、美化环境、提高人们生活质量和社会文明的大事。每一座城市都应该有自己特色鲜明的城市色彩，这就需要有统一的城市色彩规划来统筹城市的整体色彩环境，协调建筑与建筑之间的色彩关系。由此可见，城

市的色彩规划和设计是城市建筑工作的一项重要内容，城市色彩规划必须走在建筑色彩设计的前面。建筑的色彩设计不仅要考虑到建筑自身的美观性，还要考虑在城市色彩规划下与整体城市色彩环境的和谐，考虑与周边环境色彩的协调。建筑投资的资金数目相当庞大，对城市的色彩环境影响也很大，色彩不易经常性地更新换代，因此，色彩设计既要有科学性，又要有前瞻性（图3-40）。

规划城市色彩要从挖掘城市个性、分析城市独特的人文地貌出发，科学地规划城市色彩。具体来说，就是要从自然景观、地理环境、人文特征和原有的城市色彩基调（土地、石头、树木的颜色以及 城市附近山脉、海洋、湖泊的颜色）等方面入手，总结出独特而永恒的城市色彩，并将城市各个功能区通过色彩加以区分：如历史古建筑沉稳、商业区活跃、住宅区温馨等。在此基础上制定色彩规划指南，对城市的建筑和环境色彩进行设计、规划和指导，使每一座建筑在总体的色彩规划系统中都有众多基本颜色可以选

图3-41
建筑色彩

图3-42
城市涂鸦色彩

择，使城市色彩环境既和谐统一，又富有特色，使每一座建筑都各有个性美感（图3-41）。

2. 城市涂鸦色彩

涂鸦是一种世界性文化现象，主要涉及文字、色彩。它经常出现在街头一些公共建筑的墙壁上，近年大有繁荣之势。这些文字和图画，因大多为兴致所至，匆匆草就，七扭八歪，形同涂鸦，故有涂鸦文化之称。涂鸦文化是一种表现方式，是一种对生活、对人生的看法和观点的反映，更是对身边不平事的控诉，就是一个心灵的窗口。这种文化经过我们这些可以体会到各种韵味的人修饰，更演变成为一种艺术。这种艺术的根本是意识反映事实，只要事件存在这种事实，就会产生心中的意念，这样就会从创作的涂鸦色里表现出来，成为一件艺术品。一样可以反映人类想法的东西的出现，也就是一件最适合人类的艺术品。涂鸦在字典里的解释是：在公共建筑墙壁上涂写的图画或文字，通常含幽默、讽刺的内容。涂鸦，在不同的地方有不同的内容。如在美国就是政治内容，在欧洲就是整幅图画，在日本通常是一些文字。但现在，也没有很清楚的界限。因为涂鸦文化是人类的文化，既然人类文化四通八达，涂鸦文化也就是世界性的［图3-42（a）］。

涂鸦中的图形相对文字而言，更能够传播比较复杂的思想，尤其是图形的色彩语言，不分国家、民族、男女老少、语言差异、文化类别，能够普遍地被人们所接受和了解。我们生活在一个充满视觉形象的社会，面对各种媒体每日源源不断的视觉信息，必须去认识、理解它。现代设计中既能传达信息，又能表达思想和观念的图像正越来越多地出现，设计师以自身多元化的知识结构和超常的艺术想象力创造着各

种风格的图像。尤其是如今人类社会已进入信息时代，图形图像设计的创造力更是进入了一个新的层面，在室外环境中追求个性表现，强调创意、强调色彩的视觉冲击力的设计作品，会给人以崭新的视觉体验［图3-42（b）］。

第三节

其他设计与设计色彩

一、设计色彩在服展设计中的运用

服展设计即服装展示设计，而服饰设计是对服装设计和服装配饰的统称。人们对服饰色彩的反映是强烈的，但并非对色彩的感受都所见略同。因此在服饰设计中对于色彩的选择与搭配要充分考虑到不同对象的年龄、性格、修养、兴趣与气质等相关

因素，还要考虑到在不同的社会、政治、经济、文化、艺术、风俗和传统生活习惯的影响下人们对色彩的不同情感反映。例如，我国历代皇朝崇尚黄色，认为黄色是天地的象征，使黄色赋予威严华贵、神圣的联想。而黄色在信仰基督教的国家里却被认为是叛徒犹大服装的颜色，是卑劣可耻的象征。因此，服饰的色彩设计应该是有针对性的定位设计。

在设计中，色彩搭配组合的形式直接关系到服装整体风格的塑造。设计师可以采用一组纯度较高的对比色组合来表达热情奔放的热带风情；也可通过一组彩度较低的同类色组合体现服装典雅质朴的格调，在服装设计中最常用的配色方法有：同类色配合、近似色配合、对比色配合、相对色配合四种（图3-43）。

（1）同类色的服装配色。同类色配合是通过同一种色相在明暗深浅上的不同变化来进行配色。

（2）近似色的服装配色。近似色配合是指在色相环上90°范围内色彩的配合，给人们温和协调之感。与同类色配合相比较，色感更富于变化，所以它在服装上的应用范围比同类色配合更广。

（3）对比色的服装配色。对比色的配合是指色相环上120°～180°范围内的色彩配合，所体现的服装风格鲜艳、明快，多用于运动服、儿童服、演出服的设计中。

图3-43
对比色搭配

（4）相对色的服装配色。相对色配合是指色相环上180°两端两个相对色彩的配合。其效果比对比色配合更为强烈。在相对色配色中要注意主次关系，同时还可通过加入中间色的方法使对比效果更富情趣。

（5）流行色的服装配色。服装领域一向是崇尚流行意识的，流行色在服装中的应用是人们对色彩时髦的追求，突出反映着现代生活的审美特征。

（一）服装展示设计中色彩的应用

1. 突出服装展品的视觉效果

为了使服饰商品在顾客眼里获得特定的良好视觉效果与心理效果可运用色彩的对比来调节服饰商品和色彩之间的对比，背景和商品之间的反衬、烘托。可将服装按冷暖和深浅依序排列，按照一定的色彩关系分组陈列，让顾客在观看服装商品的同时，产生购物的兴趣。

2. 增强视觉的导识作用

展示环境的主色系、各区域的标志色、道具色、商品色等各个部分的普遍运用和综合性的统一，使在整个展示环境中能起到良好的指示性与诱导性作用。色彩在公共环境中具有诱导和警示作用。诱导作用多表现为特殊品牌的展示和场景，如品牌专卖、特卖装展位等；警示作用主要指导识系统，如消防器材为红色，道路工事用黄黑色条相间来提醒人们前方可能有情况或危险，在人流聚集的区域，如服装展厅、服装博览会等的出入口、交叉路口、公共设施处必须设置有效的引导装置，或运用高纯度、高明度的色彩来吸引观览者的视线，或在缤纷的环境中形成统一的灰调，而在材料上变化，效果同样清晰和谐。

3. 优化视觉心理与展示氛围的关系

不同类型的服装展示由于具有不同的展览功能与目标；不同的情调与氛围可实现不同功能与不同设计目标。因为不同类型的服装，其展示场所的情调氛围各不相同，因此这种大环境和展示服装个性的色彩基调，能很快地作用于人的心理情绪，影响展示现场的效果。

4. 提升审美特性

赏心悦目的色彩，统一和谐的色调，富有韵律感、节奏感的色彩组合序列，能美化服装，美化展示环境，给人以视觉与心灵的快感与舒适。色彩的调节作用十分重要，主要包括对展示空间感和温度感的调节。设计者应巧妙利用冷色、暗色的寒冷、沉静、退后、收缩的特性，来调节展示空间感的大小、远近，调节展示场景的冷暖感和气氛。因此在不同的季节，有针对性地改变服装陈列品的色彩属性是很重要的（图3-44）。

图3-44
提升审美特性

（二）服装展示色彩的设计原则

一个成功的服装展示空间的色彩设计，最重要的就是如何把握展示空间的整体色彩基调与服装品牌色彩之间的关系。然后再去考虑局部细节色彩的布置，使整个色彩的规划不仅做到协调、和谐，而且还有节奏感、层次感、韵律感，能吸引顾客的关注，唤起顾客的购买欲望。服装展示色彩的策划要遵循由大到小、由整体到局部的原则，从服装品牌的色彩基调到展示空间的总体色彩规划再到展具的色彩规划。只有这样才能把握展示空间的色彩倾向，协调好展示空间色彩与服装品牌色彩的关系，最终突出服装品牌整体形象。

1. 服装展示分类的色彩分析

因为不同的分类方法，在色彩的规划上所采取的表现手法会略有不同，因此在做展示色彩策划前，一定要清楚服装品牌的分类方法，然后再根据服装品牌的特点进行有针对性的色彩策划，才能取得完美的效果（图3-45）。

（1）**按系列或主题的色彩分类。**在分类展示之前，就要考虑到服装色彩的系列搭配，如果服装主题性比较鲜明，服装的个性、特点比较突出，展示时只要按照色彩和款式的组合进行陈列就可以了。还可以在不改变原来设计风格的同时进行重新组织和搭配。

（2）**按服装类别的分类。**服装类别是指以服装的种类、价格及规格分类，如裤子专柜、衬衫专柜等。如果有的色彩之间没有联系。首先应从大的色彩进行分类，如将冷色系的放在一起，暖色系的放在一起；或按色相的类别分，如蓝、绿、黄、橙等色系。然后再整体调整，如将中性色系在色彩中进行间隔陈列，

特别另类色彩的服装可作为装饰点缀进行吊挂摆放。

（3）**按颜色的性质搭配。**在展示设计中常常按照色彩的性质去协调搭配。

对比色搭配：它是利用两个相隔较远的颜色相配，如黄色与紫色，红色与青绿色，这种配色比较强烈。在进行服饰色彩搭配时应先明确要突出哪一部分的服饰，且不要把深色与黑色搭配，这样只会令整套服装没有重点，显得沉重而又昏暗无色。

补色搭配：它是指两个相对的颜色的配合，如红与绿，青与橙，黑与白等，补色相配能形成鲜明的对比，有时会收到较好的效果。黑白配是永远的经典。

近似色搭配：红色与橙红或紫红相配，黄色与草绿色或橙黄色相配等，是比较常用的近似色搭配。绿色和嫩黄的搭配，给人一种很春天的感觉，整体感观非常素雅。

低纯度色搭配：纯度低的颜色更容易与其他颜色相互协调，可以利用低纯度色彩易于搭配的特点，将

a
b
图3-45
服装展示分类色彩分析

有限的衣物搭配出丰富的组合。

白色的搭配：白色原则上可与任何颜色搭配，感到和谐、亲切。在强烈对比下，白色的分量越重，整体看起来越柔和。

黑色的搭配：黑色是个百搭百配的色彩，无论与什么色彩放在一起，都会别有一番风情。

2. 服装展示色彩的平衡感运用

色彩的平衡感运用主要是先要确定服装展示色彩主调，将决定主调的色相定为基本色，要大面积地使用基本色，而后再定其他部分的颜色，一般主色不能超过三个。避免大面积使用高纯度的颜色，以免观众产生反感，用色要优雅，正确处理明度、纯度、色相三者之间的关系。重视对无色彩系列运用，善用黑白灰色系列，它们能起到烘托和陪衬作用，能够平衡、调和、统一服装展示的环境色（图3-46）。

展示空间色彩的总体策划，一定要符合美的色彩搭配法则和原理，比如色彩的前进与后退、膨胀与收缩等。在明度上应将明度高的服装系列色彩放在展示空间最前面，明度低的服装系列色彩放在展示空间的后面，这样既可以突出主体，又可以增加服装展示的层次和空间感。对于同时有暖色、冷色、中性色系的服装品牌展示，通常情况是将冷色和暖色分开，分别在左右两侧展示，中性色系最好放在中间，直接面对顾客，给人以随和温馨的感觉。另外还要考虑展示空间两侧服装色彩的深浅差别，不要一面色彩重、一面色彩轻，使服装的展示空间产生视觉上的不平衡。服装展示的空间往往前面以门或橱窗的形式为主，然后是中间的正面，最后是两侧的侧面。因此在这三个面的

规划和布置上，既要考虑色彩明度、纯度、色相的平衡感，又要考虑三个展示陈列面在服装色彩中的协调性。

3. 服装展示色彩的节奏感展现

色彩是最能制造服装展示氛围的，一个有节奏感的展示空间能使顾客感到有起伏有变化的感觉。节奏的变化不光要体现展具的高低起伏，也要利用色彩的变化产生节奏感，如色彩明度和色相的渐变，黑、白、灰的间隔应用等，都能使整个展示空间产生活力。具体到服装色彩的陈列，可以通过改变服装色彩搭配的方式来实现。如将明度高的服装与明度低的服装以渐变的形式陈列，不同色相的服装按照一定的秩序排列，或将两组对比的色彩服装相邻摆放，产生活泼、刺激的感觉（图3-47）。

总之，服装作为一种商品，有它独特的特性，不仅包含物质方面的元素，同时也有精神方面的元素，而且具有较强的流行性，是流行的产物。服装展示作为服装销售的一个重要环节，必须充分做好服装展示色彩的策划。

二、设计色彩在网络设计中的运用

色彩设计是网络设计的灵魂。色彩既是网络作品的表述语言，又是视觉传达的方式和手段。色彩对比、调和的基本原理，运用到网络设计中则表现为"总体协调，局部对比"。在网络色彩设计中，除了控制好色相的对比、调和关系外，还要充分利用色彩的明度、纯度、冷暖等对比与调和关系，以丰富网页的视觉效果（图3-48）。

图3-46
服装展示色彩的平衡感运用

图3-47
服装展示色彩节奏感展现

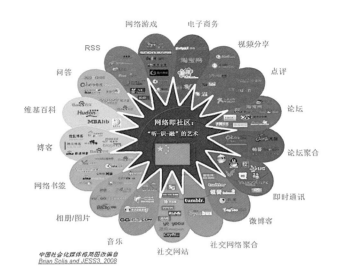

图3-48
网页设计中的色彩运用

图3-49
色彩在网页中的作用

（一）设计色彩与网页

色彩是艺术设计中不可或缺的元素，好的色彩设计可以给人强烈的视觉冲击力和艺术感染力。网络作为视觉传达的一种新兴载体，有着比报纸、杂志、广播、电视等传统媒体更为复杂的构成要素，它以数字技术为依托，通过文字、图片、声音或视频等页面排列形式展示给浏览者。网页的色彩设计是网页重要的组成部分，一个制作精美、色彩搭配和谐、令人赏心悦目的网页作品，能提高浏览者的点击率和驻留时间。

1. 色彩在网页中的作用

色彩是网页视觉设计的关键因素之一，打开一个网站，给用户的第一印象就是网页的色彩，色彩是网页的表述语言，又是视觉传达的方式和手段。在网页设计中，色彩能提高信息浏览与分类的速度与准确度。色彩设计是网页设计成功的保证（图3-49）。

（1）**统领整体风格。**所谓的"远看颜色近看花"，色彩对人感知事物产生着重要的影响，在网页设计中，色彩可以第一时间抓住浏览者的视线，激发受众的情感，突出主题思想，树立品牌形象。每一种色彩都有属于自己的情感效果与象征，设计师可以利用色彩自身的表现力及情感效应，使网页的内容与形式有机结合起来，借助色彩来体现网站的风格与特色，并突出主题。

色调是人们从某种颜色上感知到的氛围和感觉，指的是色彩明暗的强弱程度和色彩的鲜艳程度。不同的色调有着不同的象征意义，给人的心理感受也有所不同。不同的色调有不同的象征意义，给人的心理感受也有所不同。网页的色彩设计要有针对性，应体现出各自的风格特色。蓝色可以体现神秘感和自然世界的能量感，是与大海颜色相同的色彩。由于蓝色与水有着非常密切的关联，所以它象征广阔、无穷、永恒、活力、精神和生命。网页色彩设计整体采用深蓝色调，给人的心理印象是崇高、深远、广大而睿智，很好地突出了网站的主题风格。

网页整体色调确立之后要保持色彩的延续性。虽然网页的信息会不断更新，网页的版式也会定期修改，但网页色彩的基调和风格一旦形成后，不宜大幅或频繁的修改，而应保持用色的延续性，这样才能使浏览者迅速识别并且保持深刻印象。

（2）**丰富页面层次。**如今互联网已经渗透到人们日常生活与工作的每个角落，网页设计已经逐步走向成熟和完善。要想使浏览者有效地获取信息，对网站留下深刻的印象，就需要我们从网页的色彩设计着手，运用色彩产生的丰富视觉效果，表达出网站的艺术特色和文化内涵。

网页内容丰富，信息含量大，设计师可以利用不同的色彩进行网页界面的视觉区域划分和网页信息的分类布局，利用不同色彩给人的不同心理效果，进行主次顺序的区分，视觉流程的规整，是网页具有良好的易读性和方便的导向性。对网页色彩进行系统的规划和设计，可以使网站的整体风格统一，层次分明，主题突出，给浏览者层层递进的视觉印象。例如，网页整体采用绿色为基调，体现了企业类网站的生机与活力。同时，在绿色调中采用色彩明度的改变，划分出不同的功能区域，呈现出不同的内容主调。网页色彩错落有致地布置。使整个页面协调统一，层次分明。

（3）强调局部功能。色彩作为一种设计语言，在给浏览者传送信息的同时也起到吸引浏览者视线的作用。一个经过专业色彩设计的网站，即使只使用很少的动画、图形和声音，仅通过色彩的巧妙搭配，同样可以给浏览者带来视觉的冲击力，突出网页内容的重点和特色。

色彩对网页的影响是强大的，色彩的合理运用可以产生含蓄优雅、动感强烈、单纯醒目等不同的情感氛围。橙色是光感、明度被认为是"最热"的颜色，它既包含了红色的活力与炽热，又有黄色的冷静与喜悦。它代表着兴奋、活跃、欢快、喜悦、富丽，是非常有活力和注目高的色彩。如，网页界面局部采用橙色设计，与整体的蓝色页面形成强烈的对比，很容易引起浏览者的关注，形成视线焦点。这样的色彩设计鲜明的突出了橙色部分的功能区域，极大地增强了网页的吸引力。

2. 色彩在网页中的应用

人们从物理、生理、心理等多角度对色彩进行研究后发现，色彩的美存在于各种色彩的对比与调和的相互关系中，色彩的对比与调和是色彩设计中对立统一的因素，既有冲突，又相辅相成，当它们达到"平衡"状态时，人们在精神上就会产生审美愉悦，色彩对比、调和的基本原理，运用到网页设计中则表现为总体协调，局部对比。在网页色彩设计中，除了控制好色相的对比、调和关系外，还要充分利用色彩的明度、纯度、冷暖等对比与调和关系，丰富网页的视觉效果。

（1）运用同类色。同类色距离相差很小，色彩对比非常微弱，相当于同一色相的配置。配色相对简单，需要借助明度、纯度对比变化来弥补色相感的不足。一个网页中只能有一个主色调，主色调如同乐曲中的主旋律，对网页起着主导作用，同类色的合理运用使确定网页主色调的有效方法，不同的网站定位，会衍生出不同的色彩倾向，该色彩倾向决定了这个网

站或严肃，或活泼，或前卫等不同风格特色。选择主题色调时，应首先确定网站的主题、服务对象和所要表达的气氛，以及利益色彩所希望达到的目的，如，树立形象、推广产品、娱乐大众、传播信息等。如，高明度、低纯度的同类色运用到网页设计中，通过柔和的淡绿色调迅速标示出网站整体简洁淡雅的风格定位。

（2）运用中差色。中差色在色环上是相邻90°左右的色彩，色彩的对比随间距的增大而增大，比邻近色更富有色彩变化，是既有对比而又不失调和的配色，具有明快感。主色调把握着整个网页的风格和气氛，而辅助色面积虽小，却起着缓冲和强调的作用。辅助色能让页面有生气、有趣味，使主色调流畅。辅助色与主色调搭配合理，可使整个页面色彩丰富，引人注目。合理的运用中差色进行网页色彩设计，能够使页面结构清晰，层次分明，提高用户接受信息的主动性。如，采用黄褐色的中差色系构成了温暖的页面气氛，亲切中不失严谨。网页中不同的色彩元素可以引导浏览者方便地查找页面内容，指引浏览者快速到达目的地。

（3）运用对比色。对比色相差差距更大，色彩对比要比邻近色和中差色更鲜明强烈，具有饱满、华丽、活跃的感情特点，容易使人兴奋、激动。色彩对比是通过制造中心色与主色调的对比，构造醒目的视觉中心，突出主题，传达情绪。色相的对比关系越清晰，视觉效果越强烈。如，网页在红色的基调下，运用了众多的色彩对比，红、绿、蓝、黄等大面积的对比色并置在一起，产生了热烈而活泼的视觉效果。在大幅度采用对比色的同时，页面颜色都做了降低色彩纯度的处理，因此，整个网页色彩对比强烈而不失协调感。

（4）运用无彩色。无彩色是指黑色、白色以及由黑白两色调形成的各种深浅不同的灰色系。黑白色彩拥有一种和谐的能力，无论任何色彩与黑白色彩相结合，都会产生和谐的色调。黑色与其他鲜艳颜色搭配时鲜明之色可以充分发挥其色彩活力。白色的色感光明，如果在白色中加入其他任何色，都会影响其纯洁度，使其性格变得含蓄。

在网站云集的互联网上，网页的色彩只有与众不同、有自己的独特风格，才能给浏览者留下深刻的印象。尤其在同类网站中，网页的色彩不但要符合此类网站的用色特点，还要有其独到之处，无彩色的恰当运用是获得理想页面效果的有效方法之一。如，网页中存在许多图片和红色的文字、线条，如何使众多的信息整合在一个页面中成了问题的关键。如，网页成功地采用了大面积黑色与灰色进行色彩调和，在保证每个局部板块个性鲜明的同时，整个页面又不显得杂乱。

色彩是强有力的工具，它可以帮助观者将信息归纳到不同的结构中，色彩作为网页设计中的一个重要的设计元素，具有独特的艺术魅力，色彩设计是网页设计的灵魂，如何合理地运用色彩提高网页的视觉美感，是每个网页设计师应该关注的问题。网页设计师要以科学的色彩理论为指导，把色彩构成的基本原理同现代网页设计技术结合起来，大胆进行艺术创新，创造出更鲜活、更具吸引力的网页作品，不断引导和提高大众的色彩审美情趣与能力。

在网页的色彩设计过程中，要考虑到页面的用色，要概括、简洁，背景色彩与前景文字的色彩对比要强烈，以减轻在阅读过程中造成的视觉疲劳等危害。

（二）色彩在界面中的应用

随着人类科技、文化、生活的发展，在各种各样的媒体上我们经常看到越来越多的丰富多彩的内容，的确给用户提供了很多的信息，然而也必然带来了查询所需内容的麻烦，如果遇到结构混乱的媒体设计，用户更是一筹莫展。因此，除了设计好合理的媒体结构和信息分类外，色彩方面也是媒体设计的关键因素之一。

媒体技术为信息技术的发展带来了一场革命，同时也对色彩设计的发展造成了很大的影响。数字媒体技术是指能够同时获取、处理、编辑、存储和展示两个以上不同类型信息媒体的技术。这些信息媒体包括文字、声音、图像、活动影像等。界面色彩与网页色彩是平面设计新的舞台，其信息资源无限、图文与色彩互动、高速高效的特点对印刷媒体产生了巨大的冲击。

三、设计色彩在工业设计中的运用

现代设计越来越重视色彩的运用，色彩不但是设计的需要也是一种文化，在工业设计越来越和社会紧密结合的时代更体现出色彩文化博大精深。诱人的色彩能够让人赏心悦目，进而对产品产生强烈的购买欲望。

工业设计是融合科学技术与文化艺术的学科，其设计的形式美是由造型、色彩、图案等多方面因素综合而成的。但在众多的因素中，色彩居于举足轻重的地位，它能最先引起消费者的注意力，并且给人以深刻的印象。可见，工业设计中的色彩美是工业产品增值的一条重要途径。色彩的设计要适合产品特性、功能和使用环境，工业产品的色彩设计要把形、色、质的综合美感与人、机、环境的本质内容有机结合起来，取得完美的应用效果（图3-50）。

工业产品的形式美是由造型、色彩、图案、装潢等多方面因素综合而成的。但在众多的因素中，色彩居于举足轻重的地位，它能最先引起消费者的注意，并给人以深刻的印象。可见，产品的色彩美是产品价值增值的一条重要捷径。成功的产品色彩设计应把色彩的审美性与产品的实用性紧密结合起来，取得高度统一的效果。色彩的选配要与产品本身的功能、使用范围、环境相适合。各种产品都有自身的特性、功效，对色彩的要求也多有不同。另外，色彩与材料需要同时考虑，不同的材料和加工方法，会在视觉和触觉上给人以不同的形象感，从而影响产品的外观（图3-51）。

图3-50
设计色彩在工业设计中的运用

a
b

图3-51
色彩在工业设计中的运用

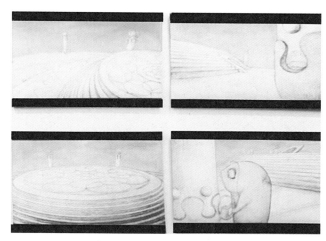

图3-52
色彩在动画设计中的运用

四、设计色彩在动画设计中的运用

动画艺术作为一种独特的艺术形式有其自身的特点，其艺术性、商业性的价值日益彰显。动画影视中的色彩具有很强的装饰性，它有别于一般的绘画色彩，它不仅在同一画面中存在，在相邻的时间段上也同样存在。在动画影视作品中，主题的营造、场景的转换、气氛的烘托、情节的起承转合以及每个成功的动画镜头都与成功的色彩运用是分不开的（图3-52）。

随着经济的发展，动画艺术也产生了不同的风格流派，以其巨大的魅力感染并影响着整个世界，从文化领域到经济领域，动画艺术都对世界产生了巨大的影响。动画设计分为人物造型设计和场景设计，动画设计师要运用动画设计原理，结合设计审美思维，将动画造型与动画色彩结合，创造出完美的动画设计作品（图3-53）。

五、设计色彩在装饰设计中的运用

1. 工艺美术中的设计色彩

工艺美术通常指美化生活用品和生活环境的造型艺术。它的突出特点是物质生产与美的创造相结合，以实用为主要目的，并具有审美特性的造型艺术之一。以工艺技巧制成的各种与实用相结合并有欣赏价值的工艺品，通常具有双重性质:既是物质产品，又具有不同程度精神方面的审美性。它的视觉形象为造型、色彩、装饰。工艺美术的生产，常因历史时期、地理环境、经济条件、文化技术水平、民族习惯和审

美观点的不同而表现出不同的风格特色（图3-54）。

2. 创造性的装饰色彩

第一，色彩在创造色彩中的应用，除了构图和形态的处理外，创造性色彩的设色，强调将流动、复杂的不甚明确的色彩明确起来。第二，自然色彩进行色化，将其固定起来，得到清晰而明确的色组与色标。一般说来，这种变化有三种不同方式，即简化、秩序化和抽样化。

（1）色的简化。简化注重色彩大的基调的把握，如色的面积、层次、颜色的对比关系等。它的具体方法是将形象做简化，甚至做几何形处理，以便将色彩归纳得更加清晰明确，减少其他因素的干扰。色彩的归纳技法可运用归纳画法，限色画法，平面画法等来表现，使色的简化目的性更为明确。

（2）色的秩序化。主要是分析相互自然色的渐变和转换秩序、所含色的成分及量的关系。它的具体方法类似于色彩构成中的色彩推移练习，但其意义不仅是获得单纯的色彩分阶效果，而关键在于认识色与对象特质的关系，确立其在设计中的运用价值。

（3）抽样色。所谓抽样色，即是在色彩素材中提取局部的样品色。这种样品色，不与构图、纹样发生关系，可以是某些局部的归纳与提取，直接抽样出几个有用的色标即可，然后，将抽出的颜色通过重新编排，描附于归纳后的形态上，构成新的画面。这种方法较为灵活多样，目的性更为明确，运用更为直接，可以各取所需，随意提取，主要是起到一种启发引导

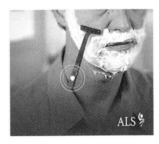
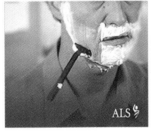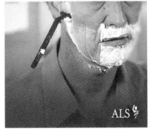

图3-53
动画造型与动画色彩结合

图3-54
工业美术中的设计色彩

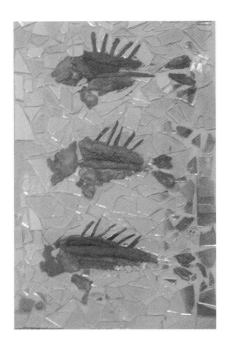

图3-55
创造性装饰色彩

的作用。

以上方法在表面上虽然有类似于色彩归纳写生的形式或特征，但在训练的内容和意义上有着质的区别，在复杂性和难度上也有明显的差距（图3-55）。

总之，当今世界新技术、新工艺、新理论每天都在大批涌现，这为设计提供了更多的发展空间，同时也改变着人类的生活方式与审美观念，而色彩是影响设计效果的最直观因素，这就需要我们敢于探索，敢于追求新的色彩表现，一个成功的设计，它一定拥有生命力，可以感染人们的情绪。设计师应该对色彩在设计中的应用做出深入的了解和研究，充分发挥色彩明快、醒目的视觉传达特征与象征力量，提高自己的审美观和较强的设计感，从而创作出更加出色的设计。

CHAPTER

04

附 录

附图1

附图2

附图3

附图4

附图5

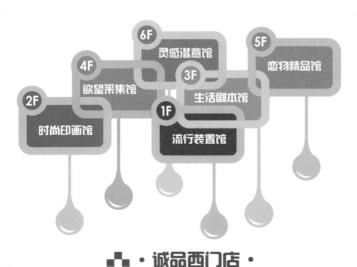

附图6

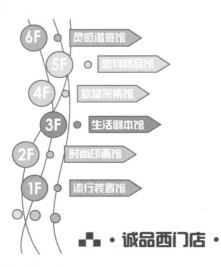

附图7

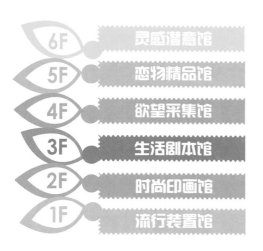

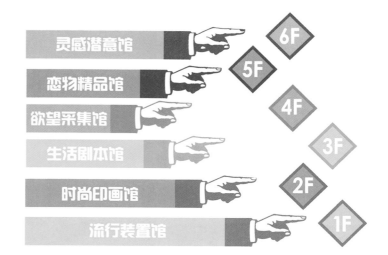

附图8

附图9

附图10

附图11

附图12

附图13

附图14

附图15

附图16

附图17

附图18

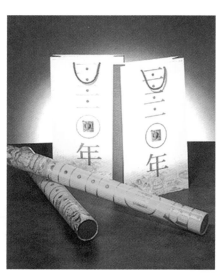

附图19

附图20

附图21

　　　视觉环境设计色彩

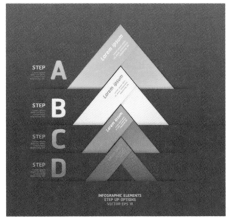

附图22

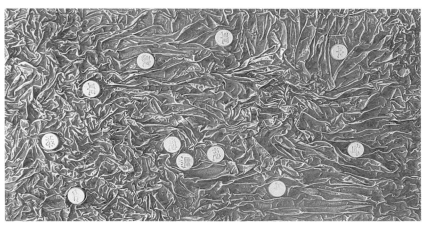

附图23

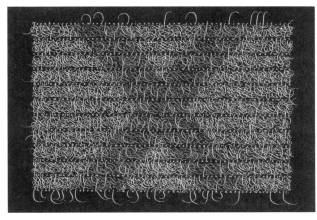

附图24

附图25

附图26

附图27

附图28

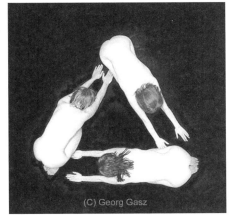

附图29

附图30

附图31

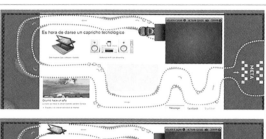

附图32

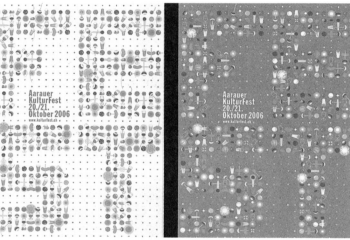

附图33

附图34

附图35

附图36

附图37

附图38

附图39

附图40

附图41

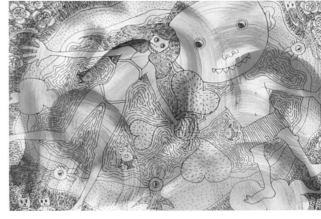

附图42

附图43

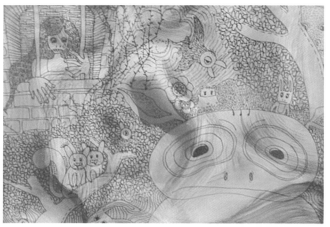

附图44

附图45

附图46

附图47

附图48

附图49

附录二 设计图库信息和相关参考资料介绍

1. 素材图库

①站酷http://www.zcool.com.cn

②昵图网http://www. nipic. com

③素材中国http://www. sc-cn. net

④三联素材网http://www. 3lian. com/

⑤课件素材库http://www.oh100.com/teach/shucaiku/

⑥中国画册设计欣赏网http://www.51huace. cn

⑦北京设计欣赏网http://www.010design.com .cn

⑧科幻网图库http://www.kehuan. net/picture/index. asp

⑨中国GLF网http://www. chinagif. net

⑩闪盟矢量图库http://www.flashsun.com/home/read. php?qid=vector

⑪设计素材http://www.veer.com/

⑫背景素材http://th. hereisfree.com/

2. 字库网站

①字体精品集中营http://www. goodfont. net

②模版天下http://www. mbsky.com/

③设计无限http://www.sj00.com/sort/2_1.htm

④cubadust http://www. Cubadust.com

⑤Fontfile http://www.fontfile.com

⑥Free Fonts http://www. freewarefonts.com

⑦Font Paradise http://www.fontparadise. com

⑧Pcfont http://www.pcfont.com/font/main.shtml

⑨Type is Beautiful http://www.typeisbeautiful.com/

3. 摄影网站

①色影无忌http://www. xitek. com/

②蜂鸟网http://www.fengniao.com/

③新摄影http://www. nphoto .net/

④迪派摄影网http://www. Dpnet.com. cn/

⑤Photosig http://www.photosig.com/

⑥摄影http://www. artlimited. net/

⑦黑白摄影http://www.mburkhardt.tumblr.com/

4．设计网站

①中国UI设计网http://www.chinaui.com

②火星时代动画网http://www.hxsd .com .cn

③视觉中国http://www. chinavisual.com

④设计在线http://www. dolcn .com

⑤NWP http://www.newwebpick.com

⑥数码艺术http://www.computerarts.com .cn

⑦设计艺术家http://www. chda .net

⑧中华广告网http://www.a.com. cn

⑨中国设计网http://www.cndgn.com

⑩七色鸟http://www.colorbird.com

⑪鲜创意http://www. xianidea. com

⑫网页设计师联盟http://www.68design. net

⑬美术联盟http://www. mslm.com. cn/

⑭中国设计之窗http://www.333cn.com/

⑮网页设计模板网站http://www. templatemonster.com/

⑯网页制作大宝库http://www. dabaoku.com/sucai/

⑰网页设计模版http://www.mobanWang.com

⑱网页设计模版http://www. sucai.com.cn/wangye/

⑲韩国网页设计模版http://sc.68design .net

⑳JSK http://www.jsk.de/#/en/home

㉑Nid大学http://www.nagaoka-id .ac.jp/gallery/gallery.html

㉒GraphiS http://www. graphis.com

㉓蓝色理想http:// bbS blueidea.com/pages.php

㉔百度百科 http://baike.baidu.com/

㉕中国包装设计网http://www.chndesign.com/

5．广告公司网站

①李奥·贝纳http://www.leoburnett.com/

②智威汤逊http://www.jwttpi.com. tw/

③东道设计http://www.dongdao. net/main04.htm

④灵智大洋广告http://www. eurorscg.com/

⑤达彼思广告http://www.batesasia. com/

⑥精信整合传播http://www. grey.com/

⑦Y&R电扬广告http://www. yr.com/

⑧金长城国际广告http://www.adsaion.com. cn/

6. 设计协会

①美国工业设计师协会http://www. idsa.org

②英国设计与艺术委员会http://www. nsead. org

③芬兰设计协会http://www. finnishdesign. fi

④韩国设计协会http://www. kidp. or.kr

⑤国际室内设计师协会http://www. iida. com

⑥澳大利亚设计协会http://www.dia. org .au

⑦欧洲设计中心http://www.edc.nl

⑧瑞典工业设计基金http://www. svid. se

⑨法国设计机构http://www.rru rl.cn/iwop34

⑩波兰设计师http:// rrurl.cn/pjzxq1

⑪台湾室内设计协会http://www. csid .org/

⑫瑞士设计中心http://www. designnet. ch/

⑬首都企业形象协会http://www. ccli.com. cn/

⑭韩国工业设计促进研究会http://www. designdb.com/kidp/

⑮标志设计协会http://www. branddesign. org/

⑯芝加哥家具设计者联合会http://www. Cfdainfo.org/

⑰设计管理协会http://www. dmi.org/dm/html/index.htm

⑱美国设计集团http://www.designcorps .com/

⑲香港印艺学会http://www.gaahk .org .hk/

⑳北美照明工程协会http://www.ies. org/

㉑企业设计基金会http://www. cdf. org/

㉒莫斯科设计师联盟http://www. mosdesign .ru/

㉓美国园林建筑师协会http://www. asla .org/

㉔俄罗斯设计团体http://www. artlebedev.com/

㉕设计在线http://www. dolcn.com/

7. 广告创意网站

①北京广告之拍案惊奇http:// blog.sina. com. cn/laobo

②黄大八客http:// laiquwoziji .blog.tianya. cn

③广告创意第一搏http:// bukaa. blog.sohu.com/

④广告门http://www. adquan.com/

⑤创意汇集站http://www. creativesoutfitter.com/

参考书目

[1] 肖丹，徐浩. 设计色彩［M］. 北京：中国轻工业出版社，2014.

[2] 王强，朱黎明. 形式设计——平面色彩设计基础［M］. 北京：中国建筑工业出版社，2005.

[3] 徐时程，高鸿，等. 设计色彩［M］. 北京：中国建筑工业出版社，2005.

[4] 李科，曹军，等. 设计色彩［M］. 北京：中国民族摄影艺术出版社，2010.

[5]（日）深泽孝哉. 色彩技法［M］. 北京：北京工艺美术出版社，1990.

[6] 张西蒙，张丹纳. 广告摄影［M］. 北京：中国轻工业出版社，2015.

[7] 王艺湘，张贝娜. 平面创意设计与文案创作［M］. 北京：清华大学出版社，2010.

[8] 张磊. 会展视觉设计［M］. 北京：中国轻工业出版社，2014.

[9] 朱书华. 构成设计基础［M］. 北京：中国轻工业出版社，2014.

[10] 徐欣，秦旭剑，等. 平面构成［M］. 北京：中国轻工业出版社，2015.

[11] 赵国志. 色彩构成［M］. 沈阳：辽宁美术出版社，1989.

[12] 王卫军，王靖云. 色彩构成［M］. 北京：中国轻工业出版社，2015.

[13]（日）朝仓直巳. 艺术·设计的色彩构成［M］. 北京：中国计划出版社，2000.

[14] 陈珏. 互动装置设计［M］. 北京：中国轻工业出版社，2014.

[15] 王峰. 设计材料基础［M］. 上海：上海人民美术出版社，2006.

[16] 左健. 色彩设计［M］. 南京：南京大学出版社，2006.

[17] 周秀梅，秦凡. 设计色彩［M］. 武汉：武汉大学出版社，2010.

[18] 朱华. 设计色彩［M］. 武汉：武汉出版社，2010.

[19] 宋丹心，甘崇崇，等. 创意色彩［M］. 沈阳：辽宁科学技术出版社，2011.

[20] 唐高明，王中. 设计色彩［M］. 沈阳：辽宁美术出版社，2014.

参考网站

http://wiki.mbalib.com/

http://baike.baidu.com/view/280567.htm

http://www.truelink88.com/news/2010-08-26/146.html

http://www.022net.com/2010/8-13/47603423292701.html

http://news.longhoo.net/2010-08/10/content_3819907.htm

http://bbs.asiaci.com/thread-150022-1-1.html

http://blog.sina.com.cn/s/blog_545f415301000axr.html

http://www.zaobao.com/forum/pages1/forum_lx090828a.shtml

http://www.chinacity.org.cn/cspp/csmy/72969.html

http://blog.sina.com.cn/s/blog_4a60325f0100c93p.html

http://b.chinaname.cn/article/2009-5/4993_2.htm

http://baike.baidu.com/view/5555444.htm

http://jingji.cntv.cn/20100813/103805.shtml

http://www.alibado.com/exp/detail-w1013416-e341282-p1.htm

http://baike.baidu.com/view/2073448.htm

http://wenkubaidu.Com/view/8b8a6289680203d8ce2f246b.html

http://www.wtoutiao.com/a/245519.html

http://baike.baidu.com/

http://wenku.baidu.com/

http://wenku.baidu.com/view/9131dd61b307e87101f69630.html?from=search

http://www.cnki.net/KCMS/detail/detail.aspx?QueryID=0&CurRec=1&recid=&filename=YSLL201105023&dbname=CJFD2011&dbcode=CJFQ&pr=&urlid=&yx=&v=MDQwNDFYMUx1eFITN0RoMVQzcVRyV00xRnJDVVJMeWZiK2RyRmlubFViM0lQRDdIWXJHNEg5RE1xbzllWjRSOGU=

http://www.cnki.net/KCMS/detail/detail.aspx?QueryID=1&CurRec=1&recid=&filename=YHZZ201312073&dbname=CJFDHIS2&dbcode=CJFQ&pr=&urlid=&yx=&v=MzA4NzdXTTFGckNVUkx5ZmIrZHJGaW5sVnI3T1BDWFJkTEc0SDlMTnJZOUNaNFI4ZVgxTHV4WVM3RGgxVDNxVHI=

http://www.cnki.net/KCMS/detail/detail.aspx?QueryID=2&CurRec=1&recid=&filename=YSBJ2012S2066&dbname=CJFD2012&dbcode=CJFQ&pr=&urlid=&yx=&v=MDE3NTJyWTlEWW9SOGVYMUx1eFITN0RoMVQzcVRyV00xRnJDVVJMeWZiK2RyRmlubFZyckpQRDdKWkxHNEg5T3Y=

http://www.cnki.net/KCMS/detail/detail.aspx?QueryID=3&CurRec=1&recid=&filename=DWUT201309064&dbname=CJFD2013&dbcode=CJFQ&pr=&urlid=&yx=&v=MTg0NDNMdXhZUzdEaDFUM3FUcldNMUZyQ1VSTHlmYitkckZpbmxWNy9QSVRyZWVyRzIOUxNcG85

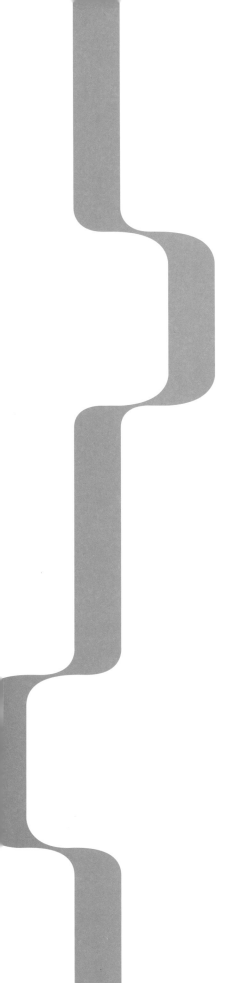

RFIJUjhIWDE=

http://www.cnki.com.cn/Article/CJFDTOTAL-XNSZ200602046.htm

http://cpfd.cnki.com.cn/Article/CPFDTOTAL-ZGLS201211001059.htm

http://www.cnki.com.cn/Article/CJFDTOTAL-SJTY201510042.htm

http://www.cnki.net/KCMS/detail/detail.aspx?QueryID=4&CurRec=10&recid=&filename=XPJX201013204&dbname=CJFD2010&dbcode=CJFQ&pr=&urlid=&yx=&v=MTI2NzNJMUZZSVI4ZVgxTHV4WVM3RGgxVDNxVHJXTTFGckNVUkx5ZmlrZHJGaW5ssV3lzSlBUM0Jkckkc0SDllTnl=

http://www.cnki.net/KCMS/detail/detail.aspx?QueryID=5&CurRec=1&recid=&filename=KJXX200933531&dbname=CJFD2009&dbcode=CJFQ&pr=&urlid=&yx=&v=MTU2MjlEaDFUM3FUcldNMUZyQ1VSTHlmYitckckZpbmxXNzdJTGlmVGRyRzRIdGpQcklwR1pZUjhIWDFMdXhZUzc=

http://www.cnki.net/KCMS/detail/detail.aspx?QueryID=7&CurRec=1&recid=&filename=ZGBY201211023&dbname=CJFD2012&dbcode=CJFQ&pr=&urlid=&yx=&v=MzAwODBIWDFMdXhZUzdEaDFUM3FUcldNMUZyQ1VSTHlmYitckckZpbm1VcjNOUHlySmQ3RzRIOVBOcm85SFo0Ujg=

http://www.cnki.net/KCMS/detail/detail.aspx?QueryID=9&CurRec=1&recid=&filename=MSDG201304027&dbname=CJFD2013&dbcode=CJFQ&pr=&urlid=&yx=&v=MTAxMTZyV00xRnJDVVJMeWZiK2RyRmlubVU3L01LRDdQYWJHNEg5TE1xNDllWTRSOGVYMUx1eFlTN0RoMVQzcVQ=

http://www.cnki.net/KCMS/detail/detail.aspx?QueryID=10&CurRec=3&recid=&filename=MSJY201522061&dbname=CJFDLAST2016&dbcode=CJFQ&pr=&urlid=&yx=&v=MjgxMTJUM3FUcldNMUZyQ1VSTHlmYitckckZpbm1VYnpQS0Q3QmQ3RzRIOVRPclk5RFpZUjhIWDFMdXhZUzdEaDE=

http://www.cnki.net/KCMS/detail/detail.aspx?QueryID=11&CurRec=1&recid=&filename=DYPJ200614042&dbname=CJFD2006&dbcode=CJFQ&pr=&urlid=&yx=&v=Mjk0MjFYMUx1eFlTN0RoMVQzcVRyV00xRnJDVVJMeWZiK2RyRmlubVVidktJVFRiWkxHNEh0Zk5xNDlICWm9SOGU=

http://www.cnki.net/KCMS/detail/detail.aspx?QueryID=12&CurRec=1&recid=&filename=GXQG201109082&dbname=CJFD2011&dbcode=CJFQ&pr=&urlid=&yx=&v=MzA5MzJUM3FUcldNMUZyQ1VSTHlmYitckckZpbm1WcnpPSWpYYWFiRzRIOURNcG85TlpvUjhIWDFMdXhZUzdEaDE=

（本书部分资料选自上述出版物和网站，在此表示谢意）。